智元微库
OPEN MIND

成 长 也 是 一 种 美 好

［法］伊丽莎白·卡多赫

［法］安娜·德·蒙塔尔洛　著

刘惠芳 译

她 世 界

一部独特的女性心灵成长图鉴

LE
SYNDROME
D'IMPOSTURE

Pourquoi les femmes manquent
tant de confiance en elles?

人民邮电出版社

北京

图书在版编目（CIP）数据

她世界：一部独特的女性心灵成长图鉴 /（法）伊丽莎白·卡多赫，（法）安娜·德·蒙塔尔洛著；刘惠芳译. -- 北京：人民邮电出版社，2021.1
ISBN 978-7-115-55077-4

Ⅰ. ①她… Ⅱ. ①伊… ②安… ③刘… Ⅲ. ①女性心理学－通俗读物 Ⅳ. ①B844.5-49

中国版本图书馆CIP数据核字（2020）第200600号

版 权 声 明

Le syndrome d'imposture

By Elisabeth Cadoche et Anne de Montarlor

© Editions Les Arènes, Paris, 2021.

Chinese Translation (simplified characters)©2020 by Posts & Telecom Press Co., LTD

Simplified Chinese edition arranged through Dakai - L'Agence

◆ 著　　　[法]伊丽莎白·卡多赫
　　　　　[法]安娜·德·蒙塔尔洛
　　译　　刘惠芳
　　责任编辑　张渝涓
　　责任印制　周昇亮

◆ 人民邮电出版社出版发行　　北京市丰台区成寿寺路 11 号
　　邮编 100164　　电子邮件 315@ptpress.com.cn
　　网址 https://www.ptpress.com.cn
　　涿州市京南印刷厂印刷

◆ 开本：880×1230　1/32
　　印张：10.25　　　　　　　　　　2021 年 1 月第 1 版
　　字数：200 千字　　　　　　　　2025 年 10 月河北第 35 次印刷

　　著作权合同登记号　图字：01-2020-4671 号

定　价：59.80 元

读者服务热线：（010）81055522　印装质量热线：（010）81055316
反盗版热线：（010）81055315

前　言

　　某次，我和此书的另一位作者一同参加某位女性政府高级官员的演讲，当我们走进会议室时，一位政府高级官员正谈及自己的学术履历和职业生涯：毕业于巴黎政治学院和法国国家行政学院，随后承担各种重要职责，身处一个富有吸引力的职位并从事一份国际性事业，积累了许多能力和荣誉……这样一位头脑聪明的美丽女性堪称成功的典范。台下大多是女性观众，大家都被她从容的态度和言辞间流露的智慧深深吸引。

转折点

　　突然，在这段满溢成功的叙事中出现了一句令人惊异的自白："当时我很心虚，觉得自己像一位冒充者。"我和另一位作者面面相觑，我们被这番言论惊呆了：如果这位有真知灼见的学识渊博的女性，同样面临信心匮乏、自我怀疑的问题，那我们这些生活不完美、志向有限的平凡女性可怎么办？

但当时没有人对此提出异议，晚会继续进行，这句话应该很快就会在溢美之词中被遗忘。最后所有观众起立鼓掌，现场人心振奋，充满希望。我们也终于理解了个中缘由。

如果这样一位缺乏自信的女性仍能攀至事业顶峰，那么我们也能做到。我们也在各种不确定性中自我怀疑，而正是这种默契的联结和相似使我们成为盟友。这位演讲者不仅给人鼓舞，更是令人追随的榜样。她知道如何与自己的不自信共处——这种不自信也是我们感同身受的。没有人例外。

想通后，我们想追溯这一问题的本源——女性为何如此缺乏自信？为何在职业生涯中如此，在个人生活中也是如此？我与另一位作者开始钻研、调查并广泛阅读，并在此展开阐述。

研究初期

经过初步的研究我们发现，在技能相同的情况下，性别不同的人表现各不相同。为了获得一个重要职位，男性通常会先把自己设想为这一领域的专家，然后在工作中学习。他们少有顾虑，甚至有高估自身能力和表现的倾向。与此相反，大多数情况下，女性在投递简历或向人力资源部门表明自己对某个职位感兴趣之前，会花较长时间斟酌，感到自己准备充分时才会申请。

这样一来，尽管一位女性可能完全有能力胜任某一职位，但是她的自我怀疑倾向却会使她泄气。认为自己不能完全胜任某一要职、将成功归因于运气、时时刻刻担忧被评判的想法，更加剧了女性对自我能力的消极看法。

有些人会对这一观察研究提出异议，他们指出生活中有些女性雄心勃勃，富有自信；有些男性则信心匮乏，唯唯诺诺。毋庸置疑，男性也受这一问题的困扰。但如果基于事实看数据，男女性之间的反差异常明显。

根据康奈尔大学 2018 年公布的一项研究，"男性通常高估自己的能力和技能，而女性则低估自己的能力和技能"。英国皇家特许管理协会在 2013 年进行的一项研究指出"女性缺乏自信与难以获得重要职位之间呈相关性"。Monster 市场调查在 2013 年进行的一项研究表明，"女性在薪酬方面的期望值比男性低，这是她们因缺乏信心而受到的经济惩罚"。其他研究也呼应了上述结果。

眩晕感

"我还是有些受冒充者综合征的困扰，即使在与你们讲话时，这个想法还是一刻不停歇地在我脑中盘旋。我忍不住想，'你们应该不会把我当回事儿吧'。但其实我又知道些什么呢？我之所以和大家分享自己的心思，是因为我们多少都对自身能力有所怀疑。"这番话在北伦敦一间观众爆满的学校礼堂里回响，而这番话出自正在进行《成为：米歇尔·奥巴马自传》一书巡回书展的米歇尔·奥巴马！

法国杰出的女政治家西蒙娜·韦伊也不例外。她刚入职政府部门时就认定自己的从政时日不会太久了："我确信自己的任期很快就要结束了。我对自己说，'我将因自己犯下的愚蠢错误而被逐出政界'。"

这些案例引人深思，足以说明女性受冒充者综合征困扰的现象并非孤例。在得出令人担忧的前期研究成果与数据（世界上只有24%的女性担任管理层职位[①]）之后，我们下一步研究的目的如下。

- 了解女性缺乏信心的原因是什么，它有何表现、如何传播，以及女性如何应对这一困难，又如何克服它。
- 查看这一现象是否渗透在女性生活中的方方面面，探究它是相对稳定的还是不断波动的。
- 分析在哪些案例中冒充者综合征能成为一种驱动

① Étude Grant Thornton, 2013.

力量。

- 找到改变冒充者综合征，即女性自信水平偏低这一
  趋势的关键。

因此，这本书将结合科学信息、相关研究、案例分析和访谈，探讨缺乏自信的方方面面，既研究冒充者综合征这一极端的表现形式，也涵盖对自我怀疑这一心理的解析。

作为本书的作者，伊丽莎白·卡多赫是作家和纪录片制片人，安娜·德·蒙塔尔洛是心理治疗师。我们的职业为解读这一主题提供了一个足够宽广的角度。愿这本书能给你启迪，并激励你改变现状。

目 录

第一章

自信与冒充者综合征

纵使可能短暂失意，也要放手一搏，

裹足不前只会令人失去自我。

索伦·克尔凯郭尔

什么是自信

根据《拉鲁斯词典》的定义，自信是"个体对自我价值的意识、感受，以及从中获得的某种信心"。

心理学对自信的定义与此相近，简单来讲，我们可以通过以下两个标准形容一位有自信的人：

- 认为自己有能力实现自己设定的目标；
- 相信自己的能力、才华和效率。

这样的信念使个体可以采取行动并取得进步。自信使个体不至于在各种决定面前踟蹰不前，反而使他能够抛开自卑心态，投入充满热情的事业中。此外，自信更能塑造我们的行动，赋予我们成就感，引领我们继续超越自己。

自信意味着如下三种能力：

- 个体无须征求别人的意见来得到认可，恰恰相反，他能够以坚韧的意志力在探索中灵活而有力地前进；

- 个体对自身优缺点有充分的认识，他能以坦诚的态度面对自身的欲望和迎面而来的挑战；
- 个体能够接受失败、消化失败，并将其视为生活和学习中的常态。对此，自我接纳的概念是非常重要的，它影响我们的学业、家庭生活以及我们应对失败与成功的方式。

一般来说，所有人都希望成为自信之人。自信使人们自我感觉良好，推动人们以勇敢的姿态直面风险、抚平创伤，并从中提炼出最宝贵的东西——蓬勃的生命力，自信让人们相信各种可能性并勇于尝试。

自信为何如此重要？因为它能让我们更清醒地看待自我、他人和世界，使我们能以冷静而流畅的思路畅想计划、迎接挑战、做出选择、面对未知。自信帮助我们在逆境中成长，帮助我们适应随之而来的一切变化，更使我们在困难面前勇于承担责任、保持头脑冷静。

于是，"对自己要有信心"成了大家都渴望掌握的魔力公式。然而自信并非一成不变的，它在人生中会发生不同的变化，我们稍后将详谈这一问题。正如哲学家夏尔·佩潘在《自信的力量》①一书中指出的："我们的现状并非生来如此，而是后天造就的。没有自信？没关系，我们可以在

---

① Allary Éditions, 2018.

成为自己的过程中慢慢找到自信。"

肯定自我效能感

其他概念从潜力和能力方面补充了自信的定义。例如，心理学家、社会学习理论的创始人阿尔伯特·班杜拉提出"自我效能"的概念，这有助于增强自信。他将其定义为"为了实现某种表现，人们对自己组织和执行所需的能力有信心。"

自我效能是增强自信心的关键因素。相信自身能力的人，会把困难的任务看作需要迎接的挑战，而不是需要避免的威胁。他们敢于设定目标、投入其中、不懈努力、专注于任务并懂得在困难面前调整策略。

如果他们在面对潜在的威胁或压力时有信心掌控局势，这种想法将使他们得以发挥更好的水平，还能减少压力及脆弱感。与此相反，自我怀疑则容易限制他们，甚至导致他们的个人能力化为虚无，更令他们在消极自我信念的影响下发挥不佳。这些人在自我怀疑的领域会刻意回避一些困难的任务，他们难以自我激励，遇到困难就会踌躇不前，甚至迅速放弃。他们的志向不高，对自己的目标也不够投入。一旦遇到困难，他们便纠结于自身条件的不足、任务的艰巨和失败的后果。[①]

如何谈论障碍

自信是从容面对障碍的关键因素，而观察女孩和男孩如何应对成长道路上的障碍很有意思。美国心理学家、康奈尔大学心理学教授大卫·邓宁指出，试题特别难的时候，不同性别的学生对此反应各异。

邓宁注意到，男学生们通常会指出困难的存在。如果得了低分，他们的反应是："哇，这是一门难学的课。"他们显然将失败归结于外在因素。从某种角度来看，这是一种富有韧性的表现。女学生们往往会有截然不同的反应，她们会说"我还不够优秀"。我们可以发现，她们常将失败归因为自我能力的不足，而这种归因方式往往很打击个体的积极性。[②]

若一个人总将一切挫折归因于自己的过失、性格缺陷或能力不足，他对自我的判断力显然会被削弱，进而产生

① Lecomte J., " Les Applications du sentiment d'efficacité personnelle ", *Savoirs*, hors-série, 2004-2005.

② Kay K. et Shipman C., " The Confidence Gap ", *The Atlantic Monthly*, mai 2014. Traduit par les auteures.

自我贬低的想法，动摇成功的信念。我们在研究中发现，女性更倾向于将失败归咎于内在因素，她们常反思：是我的错误导致了失败。而男性则更倾向于将失败归因为外在因素，他们会认为：我不及格是因为考试太难、老师太严，等等。本书将在后面进一步探讨这一问题。

心理学家弗朗索瓦·鲁夫提出建立能力体系的四种方式。

- 掌握型经验：个体所获的成功将使他笃信自己的能力，而一旦遭遇失败，他的这一信念也将不复存在。
- 替代型经验：当个体看到与自己水平相当的人通过持续努力获得了成功时，他对自己能够成功的信念将增强。
- 社会型说服力：虽然个体会有自我怀疑的时刻，但当他得到他人口头上的称赞、被认为有组织某项活动所需的能力时，他就会充满动力、持续努力。
- 生理和情绪状态：个体在他人的眼光中寻求对自我的肯定，以此得到的对自我能力的信心将贯彻在他的行为活动中。

自信、哲学与自省

理解自信离不开理解效能感，在此，我们可以通过哲学的观点进一步补充和阐明不确定性在其中起的作用。不确定性和存在的相对性无法避免，它们与人类命运密不可分。我们应当用开放的心态看待不确定性，而不是忽视它，这将帮助我们增强自信。即使犯了错误，只要有坚定的信心，我们就能更好地理解这些错误带来的启示，重新出发，拥抱自己的命运。

刻在德尔菲神庙门口的"认识自己"以及苏格拉底提出的"认识自己"，便是一条自信之路。随着时间的推移，这句格言衍生了不同的解释。在公元前 1 世纪，斐洛·尤迪厄斯主张把认识自我作为幸福的源泉。要想获得智慧，我们必须探究我们的灵魂、我们的感受、我们的理性，去关心使我们充满活力的事物，而非身外之物。在公元前 2 世纪，诺斯提法学家建议，我们应该持续自省，反思自己的本性，也反思人类的命运。这些话语都在劝诫我们，想成为智者，应当了解自己的本性。

哲学家、心理学家和精神分析学家都鼓励我们自我反省，因为认识自己可以使人避免在表象中迷失自我。当我们知道自己适合什么时，我们就能自信地做出正确的选择。这就是笛卡儿说的"我思故我在"的深刻本质。

观察自己的内心世界，评估自己的精神状态，辨别自己的情绪感受，分析自己的思想，都是认识自己的方法。自省可以帮助我们发现自己的长处和短处，管理自己的情绪，适应新的环境，与自己对话。通过不断认识自我，我们可以成为更好的自己。

自我反省在我们忙碌的生活中必不可少。为了进行反省，一个人要有能力抽出时间为自己思考，拒绝外界的干扰，重新集中精力去认识自己。这让那些忙碌得没有时间理解自我的女性怎么办呢？魁北克市拉瓦尔大学的研究人员尼科尔·布里斯将情绪劳动定义为"管理、组织和计划的工作"，"这些工作无形、不可避免又持续存在，目的是保障其他人的需求，保证家庭生活的顺利运作"。这种产生压力和疲惫的情绪劳动尤其影响女性，在女性中又特别影响职场女性。根据法国国家统计局的数据，2010 年，女性在家庭中承担了 64% 的家务劳动和 71% 的亲子职责。

在这种情况下，她们忽视自己的内心感受也就不足为奇了。

自信并非"铁板一块"

个体处于不同情境时，自信程度是有高低差距的。可能在向投资人募集资金时你可以自信满满地侃侃而谈，但在熟人不多的酒会上你可能就不那么如鱼得水了。话虽如此，但当你有了一定的自信之后，未知的世界就不再那么可怕了，因为你明白自己能与其保持适当的距离，即使陷入苦难最终也能抽身而出，因此不用担心被嘲笑、受羞辱或被拒绝。

　　除了父母的教养方式，一些不幸的生活经历也会打压你的自信心，使最初非常自信的你在一些方面变得无比敏感。这种打压或暂时或长久地影响你的自信。不可预知的分手、死亡、意外事故或突如其来的疾病，都会使人重新审视过去持有的想法和人生观。正如哲人所言，不确定性是生活的一部分，它会打乱我们已经习惯的某种秩序。

　　艾尔莎是一位年近 50 岁的漂亮女性。她结婚已有 25 年，现在在省立大学教法律，和丈夫一同抚养两个上学的孩子。在外人眼里，她的美满人生令人羡慕。但艾尔莎却对此回应道：

　　"我知道生活待我不薄，工作为我带来成就感，学生们喜欢我，丈夫爱我，孩子们也都已经准备好独立生活了。纵然如此，我仍对自己缺乏自信。虽然我知道自己在法律方面挺有天赋，但在专业领域之外，我所知甚少。随着年龄的增长，我胖了好几斤，因为怕在朋友们面前穿泳衣，我就不再和他们一起去度假了。另外，因为不擅长政治话题，我总是避免参与我丈夫和朋友们与此相关的热烈讨论。我觉得自己永远都不够优秀，每当别人赞美我的作品或我的外表时，我都会脸红。我也难以相信丈夫和孩子对我外貌的夸赞——这并非出于虚伪的谦虚。如果这夸赞来自我的父母，那会让我发笑，毕竟他们一直以来都无条件地爱着我。总而言之，我本应感到无比幸福。我也明白自信匮乏可能令人无法理解，但事实就是如此，有时它实在是糟蹋了我的生活。"

艾尔莎夫妻生活美满、职业工作顺心、亲子关系和谐，从未遭受过巨大的失败或复杂的人生考验，却苦于缺乏自信的事实，不知为何。女性缺乏自信的现象如此普遍，理由却很少有人能说清楚。很多时候人们用模糊的印象，而非显著的事实对此进行描述。家庭事业双丰收的女性尤其会体验到这种说不清道不明的滋味。时间的流逝迫使人们重新定义自己、创造意义，而 50 岁往往正是盘点人生并审视过往的时候。

艾尔莎也想在法律以外的话题上有卓越的见识，能够同丈夫一样高谈阔论。她的自信建立在拥有良好的文化修养，能够在许多领域广泛涉猎、侃侃而谈的基础之上。

随着时间的推移，身材逐渐脱离个人的管理意志，这也成为令女性失望和羞愧的一个话题。艾尔莎对自己身体的看法与西方社会对女性身体的理想化是完全矛盾的。她受"完美、苗条的身材与幸福生活密不可分"的观念毒害，因此哀叹自己被生活排挤到了边缘地带。其实无论是对曼妙身材的渴望，还是对其他事物的完美追求，都是另一套扭曲并摧毁女性自信心的思想体系。艾尔莎在许多方面表现出的自信匮乏（缺乏自尊心、害怕他人的目光、嫌弃自己的身材……）都与此不无关系。

令人唏嘘的是，在艾尔莎的案例中我们发现，不管一位女性在生活和事业上取得了多么辉煌的成就，身材形象对她的影响并不会因此减少。不知有多少女性为了区区 6 斤体重把自己的生活搞得乱糟糟。调查数据表明[1]，只有 42% 的法国女性对自己的身材表示满意，而对自己身材满意的中国女性则不足 30%。

我们将在之后的章节中更详细地讨论这个问题。

患冒充者综合征是什么感觉

越是成功，越是自我怀疑

虽然通过积极行动和取得成就可以稍微缓解缺乏自信的问题，但冒充者综合征的棘手之处在于它的"奇怪变体"，这一现象表现为：一个人越是成功，他就越是怀疑自己的成就。

这就是冒充者综合征令人痛苦的地方：它不仅持续存在，而且会在一个人累积成就的时候令情况恶化。结果是

---

[1] Sondage de l'Institut CSA pour l'Observatoire Terrafemina et *20 Minutes*, mars 2013.

一个人越成功，其焦虑感就越严重。成就将其困在恶性循环中，煽动他违背事实地想："呼！我又靠着伪装骗过了全世界，终于又逃过了一劫！"

由此，患有冒充者综合征的人们系统性地抹除了自己成功的事实，进而对此进行自我批评。虽然一定的自我怀疑对保持客观（即使这种客观转瞬即逝）堪称必要，但冒充的感觉使他们难以接受自己的成功，甚至会让他们觉得自己不过是个失败者。他们认定全世界被他们虚假的聪明表象所欺骗，这进一步使他们的焦虑愈演愈烈。

而这也是优秀人士更容易患冒充者综合征的原因。

今年 35 岁约瑟芬拥有博士文凭，她准备申请一家大公司的领导层职位。在与 30 个候选人的竞争中她拔得头筹：她经历了 5 轮面试，在面试中熟稔地回答了所有问题，预测到了任何可能的提问，并跨越了一切障碍。在通过最后一轮面试后，未来的同事们都热情地与她握手，欢迎她的加入。离开时，她本该给她的爱人、姐妹和最好的朋友打电话报喜，但她心中充满忧虑。

"我当时才猛然意识到刚刚发生的事情：我已经得到了这份工作！但说真的，我根本高兴不起来，因为公司很快会意识到他们选错了人！我其实难任其职啊！"

约瑟芬不但拒绝庆祝这一难得的成就，反倒为此失眠紧张。实际上，重要的人生转型期常常是冒充者感觉最强烈的时候。对约瑟芬来说，这一转型期是即将入职一家新公司的时刻，对其他人来说则可能是新学期的开端，或是展开人生某个新阶段的时候。

在约瑟芬的案例中，她不仅有优秀的文凭，还顺利通过了招聘过程中所有令人焦虑的考验。她掌握着诸多技能，知晓如何以坚定的信念和语气传达自己的观点。她的发言坚决果断，毫不犹豫。她的动机、志向以及她讲述的人情味十足的趣闻轶事更是打动了公司的高层人士……这一切都证明她的资质与新雇主对这一职位提出的责任和要求是匹配的。

但所有杰出才能的盘点都未能缓解她对新职位充满的不确定感。她总忍不住想："我根本不是合适的人选，用不了多久我就要露出马脚了。"以至于在接到最后一轮面试通过的好消息后，她并未因此感到舒畅，反而觉得信心不足、热情匮乏。即使她具备优秀的背景和卓越的领导能力，但她仍觉得自己没有能力鼓舞团队士气及应对冲突。

由于非常担心无法胜任工作，在接下来的几个月里，她为自己和助手们安排了惩罚性的工作模式，但不合理的工作安排使她逐渐脱离了所有社交生活。虽然她在走廊讨论或小型会议上得到了许多夸赞，但种种压力导致她把新的职场生活跑成了一场筋疲力尽的马拉松。面对领导者的祝贺，她已经不知道是该欢喜还是该难为情。一切都让约瑟芬感到迷茫、担忧，她感到筋疲力尽。最后她终于决定寻求心理咨询。

"归因"问题

冒充者综合征患者的另一个特点是，他们认为自己不配得到成功，而将成功归结为运气或随机事件。这就是弗里茨·海德在1958年提出的一种心理机制。他指出有冒充者综合征的女性常对自己持有认知、看法上的偏差。这是怎么回事呢？

一般来说，一个人对成功（优秀成绩、职业成就或任何其他圆满完成的任务）向内归因（"我有能力，所以我成功了"）的话，这种归因是持久的，她能因此得到一些掌控感（比如知道如何自我动员）。而对于冒充者综合征患者来说，他们将成功归结为不稳定且不受控制的外部因素。这些外因可能是运气、别人的善意、他人对自己错误的过高评价……总之，他们认为成功从来都不在于自己本身的优点。

令人感到无力的思维方式

1978年，美国心理学家波林·罗丝·克兰斯和苏珊娜·艾姆斯将这种极端自我怀疑的特殊现象定义为冒充者综合征。当时，这个概念受到了质疑，人们往往更愿意称之为"冒充者的体验"。它越来越多地出现在西方社会讨论的话题中，因为在西方社会里，人们往往把被看重的感觉与成功混为一谈，甚至把成功作为获得爱和倾慕的唯一保证。

冒充者综合征并非精神障碍（它并未被列入精神疾病手册 DSM-5 [①] 中），但它确实揭示了一种令人产生无力感的思维方式。这种思维方式导致个体只在一些方面有自信，并常产生"我还是不够好"和觉得自己名不副实的个人判断。他们常扪心自问："我真的有资格申请这个职位吗？我真的有资格升职吗？"

在平静的表面掩饰下，冒充者们时常心怀恐惧，害怕因达不到职位的严苛要求而被揭穿。在此需要指出的是，性别不同，对成功的定义也有不同的标准，这一标准又常与地位、权力挂钩，导致女性常觉得自己获得的成就缺乏"合理性"，并对"成功"这一概念感到不自在。

心理陷阱

临床心理学医生杰萨米·希伯德就冒充者综合征写过一本书 [②]，她在书中解释了为何这一心灵顽疾是一种心理陷阱。

---

① La 5ᵉ édition du Manuel diagnostique et statistique des troubles mentaux.

② *Croyez en vous, libérez-vous du syndrome de l'imposteur*, Larousse, 2019.

即使一个人获得了成功，他从感受成功到认可成功之间仍有很长的路要走。冒充者很难将自己的成功向内归因。若是某件事成效甚佳，他便会将此归结为外在因素；当某件事成效惨淡，他则将其归咎于自我的缺陷。这一"为所有后果承担责任"的有失偏颇的观点根植于个体的认知偏差。这类人会通过搜集各种证据固化对自我的消极看法。冒充者综合征是自我批评、自我怀疑和恐惧失败的混合体，它导致冒充者工作过劳或不断拖延。

杰萨米·希伯德也解释了缺乏自信和冒充者综合征之间的区别。

当一个人有奋斗目标，但对自己能否成功没有信心时，虽然他并不知道努力的结果如何，或者如何才能实现梦想，但他会以坚韧的意志和不懈的努力去实现目标，并衷心为之感到喜悦。而对于一个自认为是冒充者的人来说，他同样有缺乏自信的苦恼，也同样会努力奋斗，但一旦达到目标，他就会打压自我成就的价值。他不会改变自己的这一想法，甚至认为自己的失败难以避免、层出不穷，这一认知令他倍感压力。他不相信自己配得上成功的桂冠。

冒充者的感觉从何而来

杰萨米·希伯德认为，冒充者综合征的产生有一部分可归结为先天因素，一部分可归结为后天因素，但关于这一点并无定论。有些人天生易于焦虑，但后天的教育若能将他培养为更自信的人，他焦虑的先天特质则可以被改变。

与此相反，一个人也可能先天有极强的自尊心和自信，但在后天的成长过程中失去了这一潜力：在各种充满矛盾的话语中，成长的孩子面临鱼龙混杂的信息，就会渐渐产生对自我的怀疑。虽然对自我的怀疑和不确定是人之常情，但自我怀疑和不自信长期存在，会导致一个人产生某种心理障碍。而我们正生活在一个敦促每个人"做最好的自己"的世界里，很多人说要"活出最好的自己""实现最完满的人生"，为何人们不说"活出本真"？

本书的下一章将详细追溯自我怀疑的起源，但在此，毋庸置疑的是：在一个出色的表现和成功被设定为至高价值的竞争激烈的社会里，社交网络这一虚假镜像折射出的各种人生仿佛总是完美无瑕的。在这样的社会文化背景下，有 3 个原因可以解释为何如此多的女性受过冒充者综合征的困扰：

- 在缺乏自信的情况下，表现与形象的持久压力加剧了她对自身能力的不确定性；
- 某些行业领域的领导层缺乏女性代表，这一现实使身处其中的女性倍感孤独；

- 尽管社会进步了，但一些陈词滥调依然存在："女性不喜欢谈判""女性不喜欢掌握权力""女性更容易受情绪影响""女性只关心生孩子""女性有孩子要照顾""孩子生病了怎么办""女性并不是真的想当领导"……

冒充者综合征的后果

冒充者综合征带来的第一个风险是职业倦怠。一边想努力实现目标，一边想避免被"识破"的行为令人自我拉扯、异常疲惫，常常会成为巨大的压力来源，导致过度疲劳。尽最大可能避免最微小的失误，因此付出的无谓努力将进一步加强自我怀疑和"冒充者"的感觉。

冒充者综合征带来的第二个风险是深深的无力感。这种无力感的具体表现就是拖延——一种把所有事情推到以后再做的不良倾向。诚然，当一个任务执行难度很大时，我们都有过把它推到隔天再做的经历，但如果这种行为成为长期的习惯或条件反射性的应对方式时，将对我们很不利。它可能导致我们错过机会，让身边的人失望，卷入恶性循环，并以此证实"自己一文不值"的错误想法。这种由恐惧失败和缺乏自信导致的以偏概全的想法，将挫伤实现志向所需的动力。

第三个风险是让职业生活变得枯燥乏味，因为冒充者既不允许自己品尝成功的滋味，也阻止自己朝着理想的方向发展。

除了这些自我设限的信念，冒充者们对他人的能力持有的观点也常常是错误的。他们常假想公司里的其他人都异常自信，并认为其他人完全不会遭受自我评判。"他们比我好得多，当然有资格处于他们的职位！"如此一来，冒充者综合征使他们总是在沉默中吃苦头，他们想："我难道永远不可能站到赢家的阵营里吗？"但如果一个人总是认为自己不值得获得任何好处，认定自己的成功是偷来的、是投机主义的结果，甚至是巧合，那么他如何证明自己所得的正当性呢？

对成功的恐惧

这种害怕被人揭穿身份的恐惧，不正表现出我们在面对自由时产生的无力感、某种存在主义式的恐惧以及不愿承担自由的重负和随之而来的责任感时的伪装吗？如萨特所言，"我们被判了自由的刑"。人类处境的这一特殊性与责任的概念息息相关。无论男性还是女性，每一个自由的个体都需对自我行为负责。如果一个人要为自己的失败负责，那么他也要为自己的成功负责。这种存在主义的苦恼在冒充者综合征的阴影下显得更加沉重。

这种对自己是谁或自己能做什么的焦虑和不安全感多少会让人对成功产生恐惧。特别是在一个将成功认定为至高无上的价值的社会中，这种对赋予自我成功的机会和认可自身能力的恐惧，在童年时期就被灌输进小孩的心灵中，孩子们得到的接纳是"有条件的"（或如卡尔·罗杰斯所说的"有条件的积极关注"）。心理学家凯文·沙桑格对此详细论述道："我们的社会往往会教育孩子：如果你成功了，你就是一个好人；而如果你失败了，你就是一个坏人。"

美国作家玛丽安娜·威廉森对这一现象提出了自己的看法："我们最深的恐惧并非没有能力，而是拥有突破各种限制的强大能量；最让我们感到恐惧的是自身的潜能，而非自身的不足之处。我们往往扪心自问：'我是谁？我怎么敢奢求自己卓越出色、天赋异禀、才华非凡？'但真正的问题是，我们为什么不能追求这些成就呢？"

我们应该赋予自我成功的可能性，使自己绽放光芒、感受快乐。然而，如果"不合理"的感觉持续存在，如果女性仍然是她自己最大的敌人，那么这样的想法只会变成卑微的愿望。对被发现和被评判的恐惧迫使女性陷于舒适区内，她们不允许自己成功，并将自己封闭在这些自我设限的观念中。她们对自身不满意，职场和社会也不为她们树立正面形象，这些因素加剧了她们的自我怀疑。

苏菲今年 32 岁了。她在波尔多一家文化机构工作，现在正打算应聘法国北部某博物馆的一个职位。

"做这个选择既是为了离我的家人更近，也是为了实现我的梦想——做一名策展人。这是我从美院毕业后一直以来的梦想。可是我目前的工作顺风顺水，领导对我的工作很满意，对我委以重任。他的器重很可能会推动我走向职业生涯的高峰——成为一名策展人。"

苏菲的日子因此而不好过，她感觉自己似乎失去了立足之地。她开始错过重要的会议，不得不寻求人力资源部的帮助。总之，她感到难以应对。

与此同时，那家博物馆给她发来了信息，邀请她进行第一轮面试。

"我没有去。"她说。

为什么会出现这种情况？苏菲的自尊和信心一旦受到考验，她对自我的构建便开始出现裂缝。她听到积极的肯定时，马上将其解读为要求她不要用力过度的规训。她感到自己受各种衡量和评价的约束，因而有不让对方失望的义务。她反复斟酌，不停反思，绞尽脑汁，结果还是在原地打转。她私底下认为这是一种运气，她不仅因此让理想做出了妥协，还因现今责任的增加而感到彷徨无力。像过去一样，一旦出现问题，她就像鸵鸟一样一头扎进沙子里无限拖延，不愿受任何可能受的轻伤。她想，如果自己无法完成现在的工作，那么整个人生都将被摧毁。

当然，这一切都是她的主观想法。可这种想法是危险的陷阱，导致她以黑白二元的视角来看世界。对苏菲来说，在博物馆工作不过是她卑微的愿望，她心里的焦虑打击了她的信心，导致她陷入消极无作为的境地。

数据调查表明，女性比男性更容易受到焦虑心态的影响，也更在意别人对她们的看法。而因为她们更容易感到焦虑气馁，进而导致她们缺乏自信，容易感觉自己是"冒充者"。

更进一步来说，这种不自在感也影响因缺乏自信而遭罪的少数群体。在不管是性取向、性别还是种族方面的少数群体中，这些差异都会滋长并加剧冒充者综合征对他们的影响。

治疗理念的发现

20 世纪 70 年代，在"冒充者"这种不自在感被命名之前，波林·罗丝·克兰斯和苏珊娜·艾姆斯这两位临床心理学家就创造了"冒充者综合征"这一术语，并将这一术语普及。但她们自己也不能免受这种弥散性的、难以辨识的心理感受的影响。

克兰斯博士在俄亥俄州的一所大学授课时，她意识到自己的学生们和学生时代的她一样有自我怀疑和"冒充者"之感。她说："我发现学生们不仅对自身能力充满了怀疑，也为能否成功而焦虑，他们会说'我担心这次测试会彻底考砸'，但考试成绩出来后，他们每一场考试都过了，成绩也很好。当时，一个学生指出："我觉得在这些聪明人中，自己像一个冒充者。"[①]

冒充者一词巧妙地说清了这种感受！

20 世纪 80 年代，跟随克兰斯和艾姆斯博士的脚步，瓦莱丽·杨博士（现为国际专家、作家和讲师）大致构想了自己的职业轨迹，但因受到自我怀疑的困扰，她不断拖延，不知如何开始论文写作。

和所有的成功故事一样，她在偶然一次对话中第一次听到"冒充者综合征"这一说法。当时她的两位学生在课堂上分享艾姆斯和克兰斯博士发表的关于这一话题的研究报告，并对她们的学术研究成果进行点评。杨博士与她的许多学生，大部分是女学生一样，被其中的描述深深触动，产生了无限共鸣。于是，她决定以此作为论文课题，并和其他学生成立了一个互助小组。

这一做法推动了后续一系列活动的发展。她举办的第一场名为"克服冒充者综合征：能力和自信问题"的治疗工作坊获得了巨大的成功，佐证了推广式地解决这一问题

---

① Jarrett C., " Feeling like a fraud ", *The Psychologist*, vol. 23, 5ᵉ éd., BPS, mai 2010.

的必要性。2001 年，她创立了一个新的治疗工作坊，主题为"如何（像他人对你的设想一样）既聪明又能干：为什么优秀的男性和女性会苦于冒充者综合征以及我们该如何进行补救"。

克兰斯、艾姆斯和杨博士的共同点是：她们都曾受自信心匮乏的困扰。这种团结和姐妹情谊仿佛一条无形的纽带，使她们穿越时空，联结在一起。在各自所处的领域中，她们仿佛正手牵手，互相倾诉，彼此理解，构想和提出解决方案，通过写作书籍、开设与议题相关的工作坊、推行公共干预措施、构想练习和评估工具（比如克兰斯制作的"冒充者综合征量表"）等不同方式，为更好地了解这一心理问题做出了贡献。

对自我有信心……但是，什么是"自我"

人本主义心理学和以人为本的方法

"自我"理论一直是人们讨论得最多的话题，在西方心理学中占有重要地位。20 世纪初，弗洛伊德及其弟子们提出精神分析法后，其他理论和治疗方法也在大多数西方国家出现。20 世纪 40 年代出现了两大思潮：行为主义和以亚伯拉罕·马斯洛为代表的人本主义心理学。这一所谓的"人本主义和存在主义"心理学提出了一个全新的概念，这一概念认为人性本善，如果个体能摆脱限制自我的条件，就会得到积极的发展。在卡尔·罗杰斯的推动下，它发展为一股新的治疗思潮——20世纪50年代"个人中心治疗学派"在美国创立，亚伯拉罕·马斯洛、卡尔·罗杰斯和乔治·凯利等人将"自我"概念置为治疗方法和人格理论的核心。

　　这一思潮的特点是什么？首先，顾名思义，"个人中心治疗"中治疗师关注的是个人，而不是问题。治疗师与心理咨询者建立一种富有同理心的关系，这与标榜中立性的精神分析学有很大的区别。在彼此信任、不施加评判的氛围中，心理咨询师设身处地地考虑咨询者的境况。[①]其次，这种工作方式对于解决咨询者缺乏自信的问题非常有用。治疗师接纳的态度鼓励心理咨询者，尤其是时常受评判的女性咨询者，吐露心声。最后，人本主义方法是非指令性的，心理咨询师不试图引领治疗过程。

卡尔·罗杰斯与人本主义疗法

　　存在主义、人本主义心理学常被称为"第三种方式"。卡尔·罗杰斯将自己形容为"沉默的革命者"。一批支持他的研究者和治疗师认为，在20世纪50年代占主导地位

---

① 最好称咨询者为"客户"而非"病人"。一位个体即使身处困境，也不应被贬称为病恹恹的消极形象。

的另外两个系统（精神分析和行为主义）是有违人性且冷酷的。

罗杰斯从现象学（尤其是胡塞尔的研究）和萨特的存在主义中汲取灵感，以此搭建起心理学和哲学之间的桥梁。因此，人本主义疗法不仅是一种心理学方法，也是一种以积极的人生态度为基础的人生哲学。

根据人本主义心理学理论，只要与个人经验（也就是个体各种身体和感官的混合体验）、个体感受和其获得的评价深度联结，所有人都能拥有充分发展、自主决定的能力。即罗杰斯所说的"自我的组织性"。这一初始动机是罗杰斯理论的支柱之一，它指出个人的主观能动性是引领其人生的不可或缺的指南针，能够为其做选择的导航，从而发掘所谓的"自我更新"的潜能，这一潜能使个体的自我实现充满无限可能。

"自我"的概念

罗杰斯将"自我"这一概念定义为"一系列与自我相符的观点和信念的集合"。它可以被归纳为这一问题："我是谁？"作为个体，我的身份是什么？从这个问题出发，有哪些对自身积极或消极的主观判断？我们可以拿出一张白纸，写上对自己的多维度描述，其中包括对自身的认识和自我的意义。这种丰富和主观的自我定义强调了个人自省、理解自我复杂性和独特性的能力。

另一个重要的观点是，"自我"的概念并非一成不变，它会在生命发展过程中不断变化，儿童期和青少年期是这一自我概念的定义受影响尤其严重的时期。"人的发展是一个动态的过程，而非一个固定的、静态的实体，更不是一系列固化的特征或由实体物质构成的块状物，它更像一条流动的河流，是一片有无穷变化潜能的星系。"[①]

"自我"概念或自信的自给自足性

卡尔·罗杰斯将"自我"的概念分解为 3 个部分：

- 自我形象，它代表人们对自己的认知方式（其中身体形象施加重要影响），但它并不一定与现实相符；
- 对自我的看法，也就是我们的价值观和自尊；
- 理想的自我，它在生命历程中持续流动变化，代表我们期待成为的对象和生活中的愿景。

当我们的亲身经历与对自己的认识相符时，我们会感到和谐美好，对自己有信心，并进入身心合一的境界和完满的自给自足状态。

[①] Rogers C., *On Becoming a Person : A Therapist's View of Psychotherapy*, Houghfton Mifflin Company, 1961.

这种自我实现的倾向在很大程度上是通过最初有爱的家庭环境培养的，有爱的家庭环境使孩子有机会发展自身的独特性，并有机会充分实现自我潜能。

我们接见了 16 岁的女孩伊西斯。她身材修长优美，眼睛深邃有神，双腿像羚羊一样颀长。她过于瘦削的身形令父母担心（虽然还不算瘦弱，但确实偏瘦）。

"说实话，我不知道自己为什么要到这里来。我的父母担心我有厌食症，但根本没有这回事儿。我中学的班上有个得厌食症的女生，我知道自己远远没到那个程度。我对自己的评价很客观：我太圆润了，不胖，但太圆润了。所以我对吃进肚子里的东西精打细算。这没有什么值得大惊小怪的，小时候我就很圆润，其他女生经常取笑我，叫我'小胖妞'。我很高兴现在自己的脸颊已经凹陷下去了。现阶段我只需要减掉四五公斤就够了。我真的不喜欢镜子里自己圆滚滚的样子。而且，我的闺密们都喜欢逛街，但我对试衣间则是能不进就不进。我想，只要再减去几斤，我就能去买衣服了。"

身高 1.75 米的伊西斯身穿 36 码[①]的衣服。她确实没有厌食症，除了甜食没有忌口。但她对自己的身体的认知方式显然是错误的。她患的是一种与自我形象和身体形象有

————————

① 欧洲常用的尺码标准，36 码相当于国内服装的小号。——编者注

关的"身体畸形恐惧症"。她自以为的"圆滚滚"的身材让她焦虑、缺乏自信。这一认知失调无疑与令她有些羞耻的身材过胖的母亲有关，另外，童年时的"小胖妞"形象以及因此受到的嘲讽仍萦绕在她心头。最后，她终于认识到这一心结令她作茧自缚，以致不能客观地面对现实。通过疏导，她重新找回了自信。

在乎别人的评判，还是专注"自我"的成长

　　根据罗杰斯的理论，自然地导向个人潜能最优化的"自我"受童年经历以及我们对这些经历的阐释的影响。为了得到关注和爱，我们早在生命初期就会将注意力投射在生命中最重要的人身上，他们是我们的父母，是启发我们的人。我们全盘接受他们的议论、判断和评估，通过内化这些信息，从而学会取悦他们。这就是罗杰斯说的"价值条件"。

　　这些价值条件影响我们每个人特有的"自我"概念。我们在解读他们倡导的、鼓励的、爱的、恨的、捍卫的事物的过程中将其内化，由此编织出一张构建自我的网。我们不再总是根据自己的标准，而是通过他人的标准解读亲眼所见的事物。这种行为就像用镜片暗暗地将我们与自身经验和个人理解隔离。我们的看法因而部分地被身边人的判断和观点所过滤。学校、朋友圈、社会同样影响着我们

的解读过程。

这就是为什么用积极的眼光看待自己是至关重要的。自尊自爱的审视有助于"自我"的良好成长，同样也有助于树立良好的自我形象，让我们不会被他人的评判左右。这是我们所爱之人给我们的礼物。我们的至亲之人说的话分量甚重，他们影响着我们对"自我"的定义，进而影响我们为人处事的原则和做选择的方式。

罗杰斯描述了两种类型的积极关注：

- 有条件的积极关注，即我们所说的"有条件的爱"；
- 无条件的积极关注，即我们所说的"无条件的爱"。

在有条件的积极关注下，各种价值条件会以某种方式强加给儿童，为了被接受，儿童将会根据成人规定的是非对错标准塑造自己的行为，并在这一参考框架内采取行动。

这些价值条件甚至会成为儿童人生观的一部分。在一系列特殊标准的指示下，他们将这些条件挪用到自己的人生中，甚至对于如何做一个好人都受父母的定义的影响。他们的行为反映着他人的价值观。多年以后，当他们要做选择时，自己的认知和父母的认知之间的差距将使他们怀疑、困惑或焦虑。罗杰斯指出，在这种时候，他们应当回归自我，寻找自己的本真——这个奇怪的悖论是，一个人只有接纳自我，他才有能力改变。

当一个儿童受到的关注是无条件的、开放的、好奇的和积极的，他便得以保留其"真实的自我"，并在其引领下走向自我实现的道路。他因自我的原貌被接受，而这种接受并不建立在他的所作所为上。在此情况下，即使他失败了，持续的积极注视将不断增强他的好奇心、自信和创造力。个体对自我的认识和他的经历是一致的，这一长久的"人生工程"有助于培养其具有深度的自信。无条件的关注使儿童能够完全接纳自己，不至于陷入虚假的幻象。它提倡的积极的自我审视和对待自我的态度是通向自主的跳板，使儿童在面对他人的眼光时能保有独立性和自尊心。

哲学家查尔斯·佩潘说："如果说弗洛伊德的精神分析学、当代哲学、神经科学和积极心理学之间有一个共同点，那就是它们对多元性的认同。"这足以抚慰那些哀叹自信不足的人，毕竟不变的固化"自我"并不存在。并且，我们不可能一无是处，因为每个人都是多元的！

自信与自尊的联系

如何克服冒充者综合征呢？社会学家帕特里夏·布拉夫兰·特罗波的回应是："毋庸置疑，女性良好而健康的自尊心可以使她们能够与男性的评价、接纳或其他小恩小惠保持合适的距离，这是女性与自己和平相处的关键。"

"好"自尊心还是"坏"自尊心

诚然，为了身心健康，和自己建立亲密的关系、不轻易评判自己是非常重要的，但女性往往缺少这种能力。对自己的评价不高、不爱自己、不相信自己，这些因素都会造成自我怀疑和其他心理困扰。"我觉得自己糟糕透了""我真丑""我觉得自己一无是处""我做得永远都不够好"……这些在童年和一生中习得的对自我的偏见，对个体的行为、选择和生活质量都会有显著的影响。

不管什么原因，这些持久的自我批评都会导致自信匮乏。一般来说，当我们用共情的眼光去爱自己、评判自己的时候，我们就能更少受他人评判的搅扰，从而能够更大胆地构想人生，在生活中也更有安全感。如此一来，我们便能增强自信，不骄不躁。

因此，自尊心是培养自信心的基石。自尊的定义其实并不复杂，它既是自爱的表达、对自我的评价，也是对自我人生观的价值判断。

自尊心的金字塔结构和心理模型

精神病学家、心理治疗师克里斯托夫·安德烈和精神病学家、作家弗朗索瓦·勒洛尔在他们合著的《恰如其分的自尊》[①]一书中，将自信视为自尊的一个组成部分之一，

---

① André Ch. et Lelord F., *L'Estime de soi. S'aimer pour mieux vivre avec les autres*, Odile Jacob, 2008.

他们认为良好而平衡的自尊心建立在以下 3 个因素上：

- 自信
- 对自我的看法
- 自爱

精神病学家、心理治疗师弗雷德里克·方热在此基础上添加了"自我肯定"一项。图 1–1 是他提出的自信金字塔[①]模型。

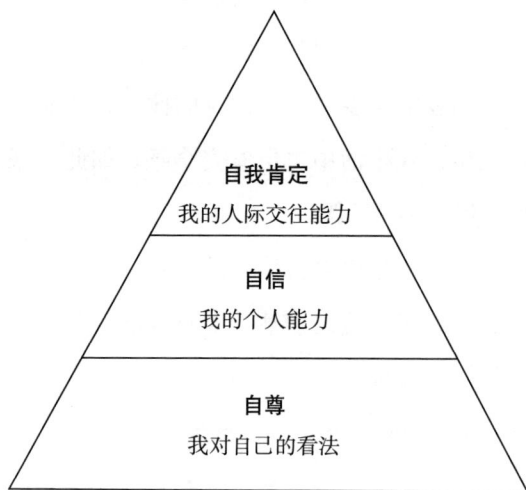

自我肯定
我的人际交往能力

自信
我的个人能力

自尊
我对自己的看法

图 1–1　自信金字塔模型

自尊指的是无论在何种条件下，一个人都能发自内心

[①]　*Oser, Thérapie de la confiance en soi*, Odile Jacob, 2018.

地认识到自己是有价值的。积极关注为我们插上了翅膀，助我们展翅翱翔。

我们在上文介绍人本主义心理学时提到过亚伯拉罕·马斯洛，如图 1-2 所示，他的金字塔模型将人类的需求分成五个层次。[①]

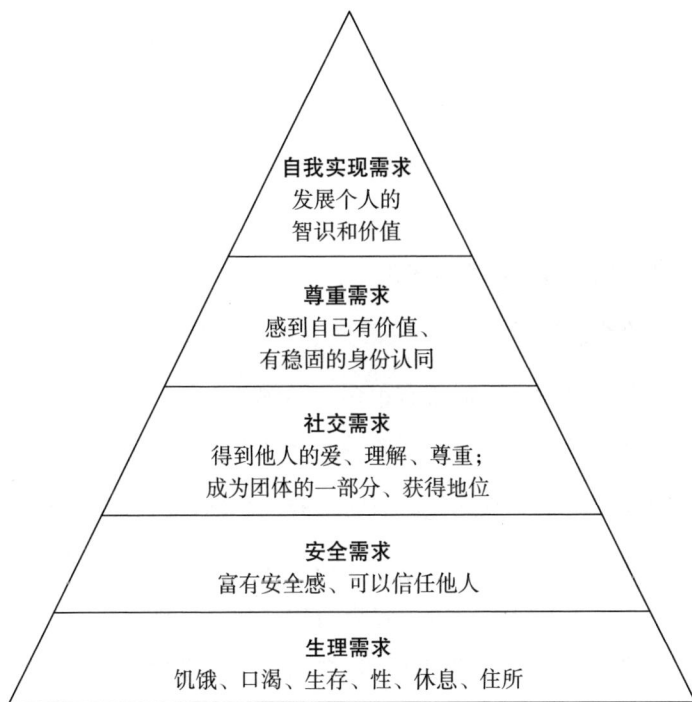

自我实现需求
发展个人的
智识和价值

尊重需求
感到自己有价值、
有稳固的身份认同

社交需求
得到他人的爱、理解、尊重；
成为团体的一部分、获得地位

安全需求
富有安全感、可以信任他人

生理需求
饥饿、口渴、生存、性、休息、住所

图 1-2 马斯洛的人类需求理论金字塔

---

① Maslow A., " A Theory of Human Motivation ", *Psychological Review*, 50, 1943, p. 370-396.

自尊心和自信心的良性循环

自尊心既是起跳板，也是实践的沃土。有了这种内在的情绪安全感，个体就能在此根基上发展技能。自信注入的活力使个体更能施展才能、实现目标，这反过来又有助于个体保持良好的自尊心。

自尊心和个体的技能是紧密相关的。如果个体通过自己的技能取得了成功，他便会在此过程中充满自信，进一步增强自尊心，这将形成一个良性循环。自尊使我们对自身的价值充满信心，从而肯定独特的自我。对自身价值体系的良好认识有助于我们定义自己，从而肯定自己，这对自尊心的培养是非常重要的。

换个视角看自己

低自尊的表现形式有很多。举例来说，当自尊的基础不够扎实的时候，我们在职场中受到批评或在晚餐时被无意忽略后就会感到崩溃。有时候我们想取悦所有人，因此不知道如何拒绝别人的请求。我们在所有事情上都犹豫不决，甚至在发邮件时都要左思右想。缺乏自尊使我们不仅怯于要求自己需要的东西，还惧怕陌生的事物。更典型的态度是，我们无时无刻不在将自己与他人进行比较。低自尊导致我们不懂得设限、畏畏缩缩、低声下气且态度悲观。有时候在面对有建设性的批评意见时，我们不仅难以虚心接受、不愿承认失误，还采用被动攻击的态度来回应。

一个人的自尊是高还是低？其实，自尊的高低并不一定是长期稳定的。这种对自身情感和认知的主观看法，会因为我们是否遇到了与自己一致的价值观或我们希望被人看到的方式而变动。用积极的眼光看待自己与自我感觉良好紧密相关，当我们自我评价甚高时，我们更倾向于突破自我，并渴望进步。

英国心理学家麦克·阿盖尔指出影响自尊心的因素有以下 4 个。

- 他人的反应
- 与他人的比较
- 我们在社会上扮演的角色
- 我们对社会角色的认同和在群体中的归属感

家庭影响

根据巴里奥和布尔瑟的说法，自尊是指"人对自己持有的不同程度的肯定态度、他对自我的认识和尊重以及他对自我价值的感受"。自尊并非单一维度的存在，它是多维度的。"总体来说，特定领域的能力或素质能激发整体的自尊心，但自尊心并不只限于这些方面，恰恰相反，在更广泛的意义上，它远远超越了这些领域。"

卡尔·罗杰斯也强调了这一现实：他认为我们对自己的看法根植于与父母无数次的互动，这些互动塑造了"自我"的概念。在互动中，孩子依赖父母有条件或无条件的积极关注。来自家庭无条件的爱和充满关怀的目光，将有助于个体以同样的目光看待自身。而与此相反的经历——无论是来自家庭还是来自外部的羞辱和伤害，都会让人感到自卑，缺乏自信。

萨特曾说"他人即地狱"。在面对"地狱"的凝视时，美国作家琼·迪迪翁倡导培养自尊心，并由此培养人生的责任感。在她看来，"以顽强的意志力坚持对人生负责是自尊的源头"，自尊是"一门学问，是一种不可伪造，但可以发展、培养的心灵习惯"。

玛戈今年33岁了。她很快要在外国投资者面前介绍自己的创业公司。在英国生活6年和在旧金山的创业孵化园工作15个月的经历使她的英语如母语一般流畅自如。在准备的过程中，她一遍又一遍地重复着演讲，这不仅让她喘不过气来，连英语也说不利索了。她看到一张广告海报罗列了一款抗衰老面霜的各种优点，广告的口号甚是知名："你值得拥有"。

"但在当时的焦虑和压力下，我读到这句话时感到它在对我说：'你并不值得拥有。'"

最后，她的演讲有了圆满的收尾，但玛戈不得不承认自己的低自尊。于是，她开始追根溯源寻找答案。在这一案例中，她的低自尊源于童年时期身为英语教授的父亲对她的蔑视。而她的低自尊进一步导致了她自信的匮乏。

因为我值得拥有

"因为我值得拥有"（或"因为我们值得拥有"）这一口号本身就是女权主义宣言。1971年的女权运动中，人们呐喊着这句口号，为女性争取权利，要求承认她们的内在价值而无须得到男性的认可。

而提出"你值得拥有"这句广告标语的年轻广告助理——伊隆·斯佩齐讲述了这句标语的由来。

"当时我们接到推广欧莱雅一个新品牌染发剂的任务。在当时流行的广告中，价格更低的染发剂品牌经常将女性是否要染发的问题抛给男性，询问后者的意见：'她要不要染发呢？'"

"我们当时坐在一间大办公室里，所有人都在对广告内容的规划发表意见。他们构想着这样的画面：一个女性坐在窗前，风将窗帘吹起……而画面中的女性就像一个物体，她甚至没有任何台词……我当时23岁，目睹了他们对女性因循守旧的落后观点。我想：'得了吧！'然后在5分钟内写好了广告文案。我当时非常生气，写下的文案就像某种个人情绪的宣泄。"

这句广告标语随后被翻译成 40 多种语言，无疑成了世界上最著名的口号之一。它传达自信、自尊和自由的精神。

---

39 岁的黛安娜是一名育有两个学龄儿童的已婚女性。她的第一个孩子出生后，她就发现重返工作岗位十分艰难，并因此对丈夫能够拥有职场生活充满嫉妒。

在她年轻时，生活充满丰富的可能性。获得生物学博士学位后，她得到了一家大型研究实验室的职位。那份令人兴奋的工作使她感到自己为人类共同体做出了贡献。

"我有一位情感疏离的挑剔母亲。她在物质上对孩子无限宠溺，但总忍不住对我们的各种不足指手画脚。我在青春期时和她矛盾激化：她对我的外貌横加批评，尤其是当我穿得有点'性感'时，她便称我为'满脸痘痘的大长颈鹿'。我的工程师父亲全神贯注于工作，几乎总是缺席家庭生活。我和大学时的男友的婚姻使我得以和父母拉开了距离，当时婚姻于我而言等同于自由与爱。"

为了支持丈夫的事业，黛安娜经历了国内、国外三次搬家。放弃事业后在家的隔离生活使她非常难过，虽然幻想着重新投身职场，但她无法下定决心（"很长时间内，我一直依赖着我的丈夫")。

"我觉得我已经不知道自己是谁了。我感觉到了内心的巨大空虚。"

在此先不谈自恋型父母会导致多么极端、恶劣的亲子关系，以自我为中心的父母会倾向于把自己的需要放在孩子的需要之前。如果父母总是对孩子横加批评，孩子很快就会自我怀疑，失去自发性，在有任何行动之前踌躇不前，在日常生活中充满不安全感。这种无休止的自我追问会阻碍孩子的发展，让孩子不愿做决定。为了自我保护，不做决定和不表态的习惯将成为他们重复采用的机制，犹豫和怀疑也将成为他们心理机制的一部分。

若一个孩子被贴上"懒惰""愚蠢"或"调皮"的标签，这种负面属性不仅会掩盖人格的复杂性，还会导致其自我人格认识的混乱。就像黛安娜在艰难时期经历的空虚感。她虽然取得了很高的学位，也拥有过短暂却精彩的职场经历，但重新融入职场的愿望还是让她充满无力感。父亲对她的忽视和不信任可能也导致了她在试图建立自信时遭受的挫败。父亲似乎对黛安娜的期望不高——无论如何，他没有表达过对女儿的期望。但父亲的注视意义深远，因为他的目光会展望外面的世界，了解各种不确定性，父亲的注视对孩子的发展至关重要。

旨在得到爱和赞许的补偿性策略也许可以解释黛安娜嫉妒丈夫工作的原因。她学会了对自己真实的想法闭口不言，避免去想自己真正渴望做的事，以此自我保护，让自己不至于遭受失望。

我们每天都在重构人生与自我及与世界的关系。如果我们的声音在童年时被压制，那么做出自主决定将变得格外困难。

美国诗人、作家西尔维娅·普拉斯在描述她作为一个受过教育的女性的经历时曾预言性地描述，作为女性，她的经历如何引导她陷入禁锢自我的家庭生活，并不得不承担由此产生的各种形式的暴力。

站在玻璃罩下的人仿佛是一个被掏空的、僵化的死婴，世界于他而言不过是一场噩梦……有生以来我第一次感觉到自己如此浅薄。坐在隔音的联合国中心时，我的左边坐着同声传译技艺精湛的、会打网球的康斯坦丁，右边坐着会讲多国语言的俄罗斯女孩。而我呢？很长时间以来，我都觉得自己毫无用处，更糟的是，我现在才意识到这一点。我唯一擅长的就是获取奖学金和名次，但这样的光辉时代很快就要结束了。[1]

---

[1] *La Cloche de détresse*, Gallimard, 1988.

关于获得掌控感的 10 个建议

（1）要想有信心、不低估自己，首先要告诉自己：你
已经为此努力奋斗过了，你的成功是应得的。不
要在无休止的追问中迷失了方向，要避免以"如
果"开头的问句。各种假设只会导致自我怀疑。

（2）列出你的价值观清单，并与之保持一致。这一清
单将是你肯定自我、在适当的时候说不、做出明
智选择，从而建立自信的指南针。

（3）使自己置身于一群友善的朋友、导师和同事之中，
与他们分享你的成功与不足。

（4）在社交网络上关注真实的、鼓舞人心的女性，而
不是精修照片里炫耀幸福人生的假面模特。前者
才是日常生活中的英雄和全能选手。

（5）记录并妥善保存一份你的成就清单或你辉煌时刻
的照片，记录对你有所助益的品质，回想它们带
给你的感受。这个过程有助于你深入了解你的努
力如何成就了你。

（6）直面那些高估他人而贬低自己的负面想法。随着
时间的推移，这类自我批评会变成自我预言。尝
试采取中立的态度，分清什么是事实、什么是主
观想法。最重要的是，不要使用贬义的语句。与

其说"我做不到"，不如说"我现在还做不到"；与其说"我一无是处，没胆量做这件事"，不如说"我现在对此感到不太自在"。选择正确的语言是宽容自己的开端，变化将随之发生。

（7）别忘了他人也有不足和弱点。未知和不确定性是人类生存状态中的一部分。承担你的责任，接受你的选择。

（8）不必太注重表现如何，在完成前期的准备后勇敢地将自己投入未知的领域。制定现实的、可实现的目标。所有探索新活动时取得的小胜利都会提升你的自信心。

（9）类似希望得到所有人的爱的想法是不可行的，也是不可信的。你不可能取悦所有人。反之亦然。意识到拒绝无可避免反而会让你自我感觉更良好。失败也是如此。你只有通过失败的经历才能知道其实失败并没有那么糟糕。当我们克服了考验，信心就会随之提升。

（10）肯定自我，饱含善良和同情心地向别人和自己敞开心扉。树立自信就像经历人生一样，是一门可以学习的艺术。

第二章

女性缺乏自信的根源

我们知道我们是什么，
但我们忘了自己能成为什么。

威廉·莎士比亚

1909 年 7 月 13 日，纪尧姆·阿波利奈尔在《安德烈·萨尔蒙婚礼上的诗》中写道："在诗歌中，我们有权使用文字构建或解构宇宙。"文字有强大的力量和近乎神圣的含义，而使用语言并不仅仅是诗人的特权。我们用文字构建了世界，文字也反过来塑造了我们。因此，我们一定要以谨慎的态度，选择那些对我们的世界、我们的社会和我们的家庭有建设意义的话语。语言定义了我们身处的现实，男性最初就是通过垄断话语权而得到主导权的。

玛丽·比尔德在《女性与权力：一份宣言》[①]一书中探寻过去，研究视角追溯到了古代，进而解释了权力是如何被男性所构想，并且为男性服务的。

过去，没有发言权的女性只能保持沉默。为了阐述自己的理论，玛丽·比尔德描述了《奥德赛》中特拉马库斯暗示他的母亲保持沉默的时刻，他说："母亲，回到楼上自

———————

① Perrin, 2018.

己的房间里去，纺纱织布才是你分内之事，讲话是男人的事情。"他的母亲佩涅罗珀顺从了。追溯遥远的历史，以此了解某些想法如何在我们心中变得根深蒂固是很有帮助的。我们需要颠覆各种陈词滥调、思维定式和古旧想法，才能发出自己的声音，获得力量和信心。而语言无疑是第一种工具，是我们能掌握的第一种力量。

在语法领域，男性的主导地位也有迹可循：法国语言学家埃利安·维埃诺解释说，阳性名词并不总是比阴性名词更占上风："法语一开始是很平等的，但自 17 世纪以来，语法学家就刻意将语言男性化。他们给女性化的名词定罪，编造了'阳盛于阴'等语法规则……就拿 15 世纪已经存在的'女作者'（autrice）一词来说，法国人普遍以为这是个新名词，但其实是因为过去彰显大男子主义的语法学家为了支持男作家垄断文学市场，便刻意抹除了'女作者'（autrice）一词。"[1]

我们要将话语权还给女性，拒绝用模式化的词语进一步强化对她们的刻板印象。须知如果女性缺乏自信，首先要从历史、社会、家庭、语言和观念等方面寻找原因。

历史原因

长期以来，女性一直成长并受制于父权制导致的脆弱

---

[1]　Interview, *Le Figaro*, 19 novembre 2018.

性中。因此，她们自信匮乏在很大程度上有着源远流长的历史原因。它是几百年，甚至几千年来男性统治下的产物。

被剥夺的历史

米歇尔·佩罗和乔治·杜比在他们划时代的巨著《西方女性史》①中阐明了这一点。为了不让时间抹去他们的事迹，自古以来男性都将自己的英勇事迹记录在册。与之相反，女性却从未书写下她们的历史：她们作为沉默的母亲、隐形的家庭主妇淡出了历史大舞台，她们甚至在古希腊、古罗马等伟大文明中都不具备法律身份，而与儿童和罪犯处于同样的地位。几个世纪以前，她们甚至未被纳入人口普查范围。正如米歇尔·佩罗所说的："我突然意识到，从来没有人关注过女性的历史，所有学科都对女性感兴趣，除了历史学科。我们对她们一无所知，视她们如无物，除了圣女贞德和先贤祠中的女性，其他女性形象踪迹难觅。"②

如果她们从未阅读过属于自己的性别的历史，她们岂能对自己有信心？岂不是就像拿破仑·波拿巴所说的："她们只不过是被转交给男性，为他们生孩子。她们不就是他们的财产吗？就像园丁的果树？"

---

① Le Seuil, 1990.

② Entretien dans la revue *XXI*.

灰色历史第 1 辑：我们对女性做了什么

如果女性从一开始就被认定为男性的附属，她们如何能有自信呢？

如果说自古希腊和古罗马时代以来，在西方所有已知的社会形态中，女性都由男性主导，那么在先民或前文明社会中，女性的境况又是怎样的呢？两位人类学家对这个问题很感兴趣，于是对此展开了研究，而结果令人瞠目。[①]

法国人类学家莫里斯·戈德利耶对新几内亚岛的巴鲁亚人的研究揭示了巴鲁亚女性是如何被剥夺了一切类似权利的社会属性的。巴鲁亚男性在成长过程中被教育要以蔑视的态度对待女性。这样的社会中存在着诸多骇人听闻的规定，比如村子里所有路都是双道并行，那么上边的路理所当然地只对男性开放，女性则应当走下面的道路。当一个女性将要在路上与一个男性擦肩而过时，她要迅速躲进旁边的灌木丛里，用披肩盖住自己的头，以免与男性对视。我们还可以举出居住在亚马孙流域的阿马瓦卡族人的例子。一位人种学家写道："一般来说，男性对女性可以施加极大的威权。结婚后，丈夫可以用嵌着扁平刀片的特制硬木棍

---

① Pétillon J.-M. et Darmangeat Ch., " Histoire et préhistoire de la domination masculine ", *Parcours, Cahiers du GREP Midi-Pyrénées*, GREP MP, 2018, 57, p. 97-125. ffhal-01941677

打妻子的肩部、手臂、臀部和背部。在这种硬木棍的殴打下，他的妻子接下来的几天里将几乎不能走路。她可以因为各种原因被暴力虐待：让丈夫不高兴了或在丈夫想吃东西的时候没准备食物，甚至是做饭时放多了盐。"另一个例子是居住在亚马孙流域的孟杜鲁库族人，他们的做法是对行为不端、藐视权威或看了神圣男性物品的女性施以轮奸的惩罚。研究他们的民族学家还提到，在访谈时，男性自豪地说："我们用生殖器来驯服女性。"

让人惊愕的是，历史上从未有过完全由女性主导的社会。我们从未发现任何真正的母系社会——女性对社会和男性有至高统治权的组织形态。这样的社会并不存在。

母职之外，没有救赎

人类学家和民族学家艾希提耶 [1] 在她与加林娜·提娜进行的最后一次采访中 [2] 对男性统治的认知经验进行了阐释 [3]，她的发言给人以启示。

小时候，她的暑假是在父亲的叔叔家的农场里度过的。

---

[1]　1933-2017.

[2]　采访发表于《社会科学新刊》。

[3]　Tinat K., " Le dernier entretien de Françoise Héritier ", *Socio*, 9, 2017, p. 238-255.

楼梯旁挂着两幅 19 世纪的埃皮纳勒的作品。版画作品中描绘了不同年纪的生命形态。艾希提耶说，对男性的描绘很简单：童年时期玩呼啦圈，青年时期坠入爱河，30 岁时怀中揽着妻子和孩子，随后去打猎，迎接大儿子。之后，图上的主人公站在最高的台阶上，张开双臂。版画的配文是："50 岁时，他拥抱过去，拥抱现在，拥抱未来。"从那以后，他总是形单影只地出现，虽然出现频率减少，但他总是在行动，在旅行，在学习。60 岁时，他穿着长袍坐在扶手椅上，此时版画的配文是："他对死亡无动于衷，只等着它的降临。"

而女性则以抱着洋娃娃的小女孩的形象出现。20 岁那年，她探索着爱情；随后，为人母的喜悦充盈着她；40 岁那年，她为即将结婚的孩子们送上祝福。

"在她 50 岁的时候，"艾希提耶继续说道，"版画的配文使我十分困惑，好几年后，我才明白这一切是怎么回事。配文写着：'到了 50 岁，她停下了脚步，为了迎接孙辈而欢庆。'我不明白为什么她停下了脚步。之后的版画里她走着下坡路。她从未像男人一样孤身一人，她身边总有一个孙子或曾孙搀扶。她 60 岁时，'惴惴不安'地等待死亡，而非像男人一样'无动于衷'。我当时被这两条时间线呈现的截然不同的命运震撼，相同的时间点上，男女性的人生景象却全然不同，男性的图景比女性的更让我心生向往。"

这是什么意思？这意味着女性一旦到了50岁，就进入了更年期，不能再生育，也不能再作为一个人而存在。因此，她的衰败迫使她永远只能依靠男性——她的孙子或曾孙，而非孙女……

或许我可以这么说：女性从未离开过男人的庇护。因为从20岁开始，她的赤诚之心就向爱敞开。40岁时丈夫去世，她为儿子举办婚礼；50岁时她为孙子庆生。但最重要的是她停了下来。换句话说，她要"退位"了，一切都结束了。这是多么不堪的命运。

几个世纪以来，女性只能凭借由婚姻和母性授予的身份而存在。她们所受的教育仅限于整饬家庭。这令人想起易卜生《玩偶之家》中娜拉这一角色，当她从父亲家搬到丈夫家时，丈夫提醒她要铭记自己的神圣职责："首先你是一个妻子，一个母亲。"后来娜拉出走，成为女性解放的标志。

时代在变化。1804年通过的《法国民法典》规定"丈夫必须保护妻子，妻子必须服从丈夫"，但从1792年开始，夫妻双方可以协议离婚；1850年出现女校；1870年，朱尔斯·费里呼吁为不同性别的儿童提供普及教育；1944年，法国女性获得了选举权；1965年起，女性无须经过丈夫同意就可以投身职场；然而，直到2006年，婚姻义务中尊重的概念才被提出；2014 年，"真正的男女平等"① 才被列入议程。不可否认的是，女性解放自 20 世纪 60 年代起有了很大的进步。1965 年的制度改革使女性可以在没有丈夫允许的情况下在银行开户和工作。两年后，《纽维特法》开始允许采取避孕措施。随后，女性解放运动到来；1975 年通过的《韦伊法》允许女性在特定条件下合法堕胎。

然而，要实现男女平权，任务还很艰巨。女性被伴侣杀死的案例并未减少（2019 年，法国平均每两天就有一名女性被伴侣杀死）。世界卫生组织称，亲密关系中的暴力影响着欧洲 1/4 的女性。人类学家和性学家菲利普·伯瑞诺特指出②，杀害女性是人类社会一种特有的现象："通过人类学研究，艾希提耶指出了这一我们都应知晓的现实：两个性别之间相互施加暴力是人类社会的特殊景观。人类是唯一一个雄性会杀死雌性的物种。"③ 虽然动物世界里也存在暴力虐杀，但绝不是这种两性之间的暴力虐杀。

---

① Loi n° 2014-873, du 4 août 2014.

② Brenot Ph., " Féminicides, spécificité de l'humanité ! ", Le Monde, 11 juillet 2019.

③ Héritier F., " Qu'est-ce que l'homme ? ".

灰色历史第 2 辑：我们对女性说了什么

经历几个世纪的教化规训，女性如何能有自信呢？

女性是模仿男性而不得的失败品。她们体质孱弱、受其生物性限制，不像她们的男同胞；她们力量微薄、智力欠缺；她们多嘴多舌，满口谎言，花钱如流水，不过是繁衍工具和家务清洁工。如果丧失了美貌，她们还有什么其他价值呢？嫁妆？

在柏拉图看来，女性是由最卑劣的男性蜕变而成的："那些懦弱的男性处境凄惨……于是他们沦为女性。"（《蒂迈欧篇》）

亚里士多德认为："女性就像残缺的男性，她们的月经是污浊的精子，她们缺乏原则，毫无灵魂。"（《动物志》）

加里安说："女性比男性更不完美，主要原因在于：她们的体热更低。在人种中，男性比女性更完美，因为他们的体热胜于女性。"（《人体各部位的作用》）

根据《塔木德经》："女性不过是黏土，只有男性才有能力把她们雕琢成形。"

在圣托马斯看来，"女性本身是有缺陷的，没有人期待她们的降世"以及"女性由于其病态的身体而不如男性，她们没有能力控制自己，更没有能力控制自己的身体——一个受苦的身体，一个下沉的身体，一个自我吞噬的身体，一个垂死的身体"。

在 16 世纪，李耶鲍认为："女性的身体虚弱多病。"

伏尔泰认为："女性像风向标一样，需要自行修补生锈的残体。"

维克托·德·里克蒂·米拉波侯爵说："女性分文不值，她们的价值是男性创造的。"

拿破仑一世认为："我们西方民族对女性的待遇太优渥，把她们宠坏了……绝不能以为她们可以与男性平起平坐，实际上她们只是生孩子的工具……她们最好多做针线活，别嚼舌根。"

叔本华认为："女性只应在家庭里做全职主妇，将全身心投入家务劳动中。年轻的女孩应以此为榜样，我们不能使她们骄傲，而要教她们如何劳动和顺服。"（《论女性》）

在尼采看来，"女性是试图模仿有深度的人的肤浅生物"。

乔治·库特林说："女性满口谎言，你甚至不能相信她们说的对立面。"

波德莱尔坦言："女性天生可憎。"

儒勒·凡尔纳说："我的小说里从来就没有女性形象，因为她们源源不断的丑行让他人无话可说。"

用弗洛伊德的话说，"……许多女性智力低下，这是一个不争的事实。这必须归因于思想的抑制，这种抑制对性压抑是必须的"。还有，"一个众所周知的事实为男性对女性进行指责提供了充足的理由，那就是她们一旦放弃了生殖器功能，性格往往会发生奇特的变化：变得爱争吵、烦躁不安、事事争论、异常吝啬又贪婪成性。因此，她们在女性化时期就表现出了之前没显露的虐恋倾向。"

奥斯卡·王尔德说："女性是纯粹的装饰用品。她们头脑空洞，缺乏文化，只会巧言令色。"

萨沙·吉特里嘲讽道："如果女性是好的，那么上帝就不会只是男性了。"

儒勒·列那尔说："为了不打断妻子喋喋不休的唠叨，我已经两年没和她说过话了。"

阿兰说："我时常想问女性，她们用什么将智力拱手交出。"

艾尔维·巴赞说："丑陋是女性最有效的避孕手段。"

在威廉·福克纳看来："女性不过是将男性的财产挥霍一空的生殖器官。"

皮埃尔·贝尔丰指出："对许多女性来说，当她们的乳房开始下垂时，她们的思想就会上升。"

柯吕许指出："上帝创造了酒精，是为了让丑陋的女性还能得到性爱。"

这些言论让人头晕目眩，足以佐证女性缺乏自信的历史原因。如何改变百年来的屈服和顺从？长期以来，男性在权力制衡中占据着重要地位，我们如何恰当地、自信地获取平等的权利？

不敢要求加薪，不敢提出性要求，不敢在一群男人中大声说话，这一切都是沉重历史遗留的一部分。女性的集体想象力中充满对"公开要求"这一行为的怀疑，她们更不敢相信自己值得获得成功或享受完满的喜悦。

MeToo 运动打开了闸门，在它的推动下，女性变得更加自信。她们终于敢于开口诉说自己遭受的充满屈辱和愤怒的经历——被性骚扰的经历。在一个将温柔与顺从的标签贴满女性形象的社会里，多年以来埋藏在女性幽暗的内心深处的一系列故事终于走入大众的视野。

灰色历史第 3 辑：当现代词典成为厌女症的共谋

玛丽亚·比阿特丽斯·乔瓦纳迪在谷歌上搜索女性的同义词时，发现了令人震惊的一系列词汇：小母马、小雏、包袱、婊子、女佣、妓女……这个发现让她瞠目结舌。她迅速地在《牛津词典》里进行检索，在那里，她又挨了一记耳光：在用来定义女性的描述中，我们可以读到这一系列语句："女性从属于男性""女性是性对象""女性是男性的刺激品""女性比不上男性"……

玛丽亚·比阿特丽斯·乔瓦纳迪随即将这一骇人的发现和同事莎拉·克雷尔分享，后者在东伦敦的女权主义协会工作了 3 年，也是一位在伦敦生活了 5 年的法国女性。她很快决定和玛丽亚·比阿特丽斯·乔瓦纳迪一起发起"我不是婊子"（I Am Not A Bitch）运动来推动改变的发生。她们在网上发布了一份请愿，目的是至少筹集 1 万个签名，而最后的签名数量大大超过了她们的预期——有近 3 万人签名了这份请愿。[①]

被剥夺的自信

历史学家克里斯蒂娜·巴德[②]是女性史专家，在发表论文《玛莲娜的女儿们：1914—1940 年的女权主义史》[③]后，她陆续出版了许多学术著作。她的学术志趣在于研究服装的象征意义，她就此出版了《长裤的政治史》[④]和《裙装揭示了什么》[⑤]。她质疑"女性缺乏自信"的说法没有事实依据。

[①] Lamnaouer L., French Morning London, septembre 2019.

[②] 克里斯蒂娜·巴德是法国昂热大学现代史教授以及法国优秀大学学者协会的荣誉会员，她专注于法国女性史、性别和女权主义的研究。她也是 Archives du féminisme 协会主席和线上博物馆 MUSEA 的参与者。

[③] Fayard, 1995.

[④] Le Seuil, 2010.

[⑤] Autrement, 2010.

"这种说法岂不是会给女性带来负罪感？"这种说法不仅让女性遭受歧视，还暗含"如果你更自信，更有魄力，就不会有这些问题了"。这种说法当然是不对的，它只会让女性感到更深的负罪感。

在支配者与被支配者的关系中，被支配者的权力、能力、创造性和自由都被剥夺，并且由于遭受压迫而缺乏自信。作为被支配者，女性的自信就是这样被剥夺的。但女性的历史不仅仅是被主宰的历史，她们更创造了辉煌的反抗史——她们挑战着约定俗成的法则，创造了接连不断的奇迹，凝聚起集体抵抗的力量。这些给人以鼓舞的女性在各个领域发出了有力的呼声：平等在任何领域都是有可能实现的。

女性与身体的关系

人们常常将自信这一概念与职业或政治联系在一起，但历史学家克里斯蒂娜·巴德认为是否自信同样折射了一个人与自己身体的关系——当一个人在身体上被支配、心理上被羞辱或被他人控制的时候，他会连对自己的身体都缺乏自信："个体以为可以通过虚幻的方式——紧致的身体和精致的衣着——使自己充分符合规范，以此换取一点儿自信，但这注定要失败。女性对完美的不懈追求或许是缺乏自信的另一种表现形式。"但不可否认的是，女性也有过解放时刻。

　　虽然女性不再有穿紧身胸衣的义务，但她们为自己的心灵穿上了紧身胸衣：她们要求自己永远保持苗条瘦削的年轻女孩般的身材。在男性主导的性别表达中，女性总是被迫直面自己的身体形象。对身体的解读是根本性的：她们的身体是自然的身体、生物性的生体、繁衍的身体、带有性器官的身体……我并不完全把自己封闭在上述假设中，也在生物学和社会性的维度上思考，毕竟文化总是会对人的天性起到潜移默化的影响。我时常想起一位担任历史地理学教授的朋友的话，她向我倾诉道："承认这个事实让我心烦，但穿上高跟鞋确实让我觉得更自信，在学生面前也更从容。"穿高跟鞋意味着什么呢？生物学的假说是：穿高跟鞋可以增加女性的身高。历史上，男性和女性的体型可能是相似的，但几百年来女性从事的劳动和营养补给的匮乏导致她们的体型比男性要小。现代社会，男女性更平等，于是他们的体型差距也在缩小。不管怎样，女性穿上高跟鞋后的身高就和男性的平均身高趋近了。但穿高跟鞋也可能源于它象征着性能力的某种情色癖？穿高跟鞋的女性可能觉得自己更有魅力、更受尊重？这些想法都值得玩味。

　　女性如何通过外表修饰增强自信呢？有的女性通过特

别的穿衣方式——或是将自己打扮得更男性化，或是打造像麦当娜的性感形象；有的女性通过高强度的运动训练重塑自信；还有的女性则选择无视社会标准，理直气壮地宣告自己与众不同。

"朱丽叶是女性中的佼佼者，"克里斯蒂娜·巴德评论道，"她在舞台上穿了一件贴合自身身材的无肩带胸衣，这是真正的女性赋权[1]的榜样。我强烈推荐她的歌曲《女性押韵小调》（*Rimes Feminines*）。听听她的歌词、编曲和演唱！她实在太棒了！"

> 朱莉、朱丽叶或朱斯汀，
>
> 我所有的女性韵文，
>
> 克拉拉·泽金、安娜·尼恩
>
> 或者是《瑞典女王》中的嘉宝。
>
> 在天庭的旋转木马上，
>
> 在这些女性中选择：
>
> 卡米尔·克劳黛尔[2]、玛姆泽尔·香奈儿
>
> 或者是被激怒的露易丝·米歇尔[3]。

---

[1]　有些人倾向于使用英文词汇 empowerment。

[2]　19 世纪法国著名雕塑家。——编者注

[3]　巴黎公社女英雄。——编者注

与话语的关系

作为一位奉行女权主义的大学教授，克里斯蒂娜·巴德在课堂上和学生互动的过程中不无沮丧地观察到：男学生总是比女学生更积极地参与课堂互动。他们经常发言，发言时间也往往更长。即使在性别史课程上也不例外。

如何对这样的情况做出恰当的反应呢？如果我们直接点名女生提问，这可能会导致双方陷入僵局。这更是需要小心翼翼避免的情况，因为这样做可能会使她们感到受侮辱，进一步导致她们自信不足。根据市政厅的说法，法国数年前就已经实现男女同等对待了。我们将此视为两性完全平等的事实来欢庆。这并没有错，但当我们测算发言时间后就会发现，男性的发言次数是女性的 2 倍，发言时间也是女性的 2 倍。也就是说，无论从发言次数还是从发言时间上看，男性都牢牢掌控着 3/4 的话语权。这说明在毫不知情的情况下，我们仍不断塑造着两性不平等的关系。

法国国立视听研究院曾对 2001—2018 年 70 万小时的节目进行了分析，得出的结论是女性在媒体上发言的时间是男性的一半。[①] 50% 在企业工作的女性认为，在职场上除了性骚扰和男女薪酬不平等现象，她们发言时被

①　*Le Point*, 4 mars 2019.

打断是性别歧视最严重的现象。"英语系国家将此命名为manterrupting，即男性打断女性的发言，这种行为常在会议或公开场合出现。"[①]

现在女性在公共场合和媒体的发言空间仍然逼仄，尽管数据似乎显示了"乐观"的征兆：女性在国有视听频道的发言时间增长了7%……

改变社会，争取女性赋权

每一位女性都应当对自我做这样一份心理工作：分析、理解男性的支配如何对她们产生影响。但要让女性重获自信，在社会站稳脚跟，仅靠自我分析远远不够。虽然许多个人因素可以发挥积极作用，但克里斯蒂娜·巴德认为，99%的作用归于社会集体的努力，要改变的，是我们身处的社会，是工作条件和教育方式。在社会中，不应只有少数女性担任关键职位，而绝大多数女性只能接受较低的职位、薪水，比如很多女性在从事卫生、教育或社会工作等报酬较低的工作，虽然这些工作的报酬低是不合理的。

我们需要改变道德范式、家庭教育、生活方式、说话方式和着装方式，这些深刻的文化变革并不仅仅与女性相关。女性赋权天平的另一端是男性特权的相对减少。而

---

① Enquête YouGov / Social Builder pour Monster, *Forbes*, mai 2018.

MeToo 运动中我们很少听到男性发表对性暴力的看法。作为一个历史学家，学术研究令我越来越有行动意识，令我意识到我们身处的社会在某些方面发展停滞，意识到我们被男权统治的历史蒙蔽的程度……我们甚至无法想象另一个更好的世界。前路漫漫，我们要做的工作还很多。

无休止的评判

即使女性"像男人一样"成功，她们也常常要遭受指指点点：被批评为"阳刚""不择手段""不再是真正的女性""比男人更惹人讨厌"……

这种性别焦虑没有得到严肃对待，社会强加于我们的异性规范标准更没有被解构。埃琳娜·吉安尼·贝洛蒂在其所著的女权主义经典书籍《在小女孩们身边》[①]中写道，性别规范的教育与传授甚至在儿童出生前就已经开始了。父母在等待孩子出生时已经根据未来孩子的性别将房间刷成蓝色或粉色，这一行为足以表明性别范式如何在父母的脑海中变得根深蒂固。家庭、同辈、老师，甚至陌生人都将我们置于无处不在的审判席上，判断我们的工作或行为是否符合要求。

---

① Feltrinelli, 1973.

根深蒂固的自信匮乏

2018 年 12 月，一篇论文在医学界被发表。在学术医学领域女性的代表性不足的背景下，该论文旨在探讨性别与医学学术生涯之间的关系。

对于"你是否怀疑自己能同时从事医院工作和学术研究"这个问题，有 204 名来自巴黎妇产科的实习生参与了调查，其中 62.4% 的女性回答"是"，而仅有 17.7% 的男性回答"是"。

在表示希望同时从事医院工作和学术研究的由 31 名受访者组成的子组中，54.5% 的女性对上述问题的回答为"是"，而没有任何男性对此有怀疑。[①]

这样的例子比比皆是，它们植根于我们的历史，也植根于我们的社会圈层。

社会原因

1791 年，《人权宣言》颁布两年后，女性文学家和政

[①] Berlingo L., Girault A., Azria E., Goffinet F. et Le Ray C.,"Women and academic careers in obstetrics and gynaecology : aspirations and obstacles among postgraduate trainees-a mixed-methods study", BJOG, 3 décembre 2018.

治家奥兰普·德古热起草了《女权宣言》(《女权与女公民权宣言》)，并寄给法国路易十六的王后玛丽·安托瓦内特。她在信中写道："你有克服任何障碍的能力，只要你愿意直面它们。"但奥兰普·德古热的乐观情绪没能维持多久，两年后，她被送上了断头台。

尽管薪酬不平等现象现今依然存在（女性平均年薪比男性低 24%[1]），但女性已经为自身的自由与解放扫除了许多障碍。她们拥有和男性一样光彩的求学履历，可以自由地结婚、离婚、追求爱情，对自己的选择充分负责。

那么，如何解释女性不自信的现象一直存在呢？

关于身体的规训

身处一个强连接感的社会，我们无时无刻不受到社会规训中对完美、对表现和对外形的要求。我们的社交网络上充斥着完美的造物——她们是全能女性、超级企业家、心满意足的妻子、幸福子女的模范母亲，她们有着平坦的腹部、曼妙的细腿……问题是，我们应当以她们为共同的榜样吗？

女性的身体是当代市场重点营销的对象：塑身霜、瘦身运动、速效节食法……市场经年累月地利用女性对身体的自卑情结，向我们贩售名目繁多的产品，以维持对身体

---

[1]　Insee, 2017.

的崇拜。其消极后果比比皆是：青春期少女厌食症、过度整容、外貌羞耻和抑郁症。

令人宽慰的是，社会中同样存在自发组织的话语抗争，一些大品牌开始对模特的最低体重提出要求，在广告中展现更真实的女性身体，还有人发起身体自爱运动（Body Positive）。凯尔西·米勒就是这一运动思潮的代表，她写了《大码女孩》①一书，并带头提倡"反节食主义"。以下是她对我们倾诉的亲身经历。

我们要看清这样一个现实：无处不在的节食文化向我们灌输着自己的形象如何不得体的谎言。它就像我们每天在其中游泳的池水，渗透在生活中的方方面面，以至于人们一不小心就被它欺骗了。所以如果你发现自己也认为自己需要节食，不必为此自责，但要记住，节食文化背后是一个万亿级的产业，它通过攻击你的自尊心创造繁荣的业绩。不要受节食文化制造出的侵扰人心的噪声蛊惑，声音更大并不意味着更真实。

你本来就很美。你大可以开怀享用自己想吃的食物，更有权享受美味。就像食物没有高下之分一样，身体也没有高下之分。当你是唯一意识到这一点的人，而周围的人都抱有节食文化的观念的话，你可能会感到有些艰难。"身

---

① Grand Central Publishing, janvier 2016.

体没有高下之分"这一观念是如此解放人心，令人欢喜，非常重要。摆脱身体的羞耻感和节食的思维方式是一项艰辛的心理工作，如果心理建设并非轻而易举，不必为此感到愧疚，但这样的心理工作是非常值得做的。

我们将在本书第五章详细分析女性对身体的不自信。

关于美貌的规训

社会长期以来将各种观念强加于人，比如围绕伴侣生活的规训、围绕完美的规训、围绕美貌的规训。男人的两鬓变得斑白？这为他增添了令人痴迷的性感魅力。他的头发像灰白的盐和胡椒？这非常"乔治·克鲁尼"。但不将白发染色的女性则会显老。

富有影响力的记者苏菲·方塔内尔辉煌地扭转了这一局面。她厌倦了染发，更厌倦了对自己说谎，她下定决心："在 53 岁那年，真正的自我开始浮出水面。"她根据自己的经历写了《显现》[①]一书。用她自己的话说，对真理的追寻和对自由的探索使她豁然开朗。这是一本使人心情愉悦的读物，一本关于自由女性如何拒绝教条、动摇禁忌的书。头发常与女性气质紧密相关，而发白的头发常令人敬而远之，但从社交账号得到的热烈反响和其受喜爱程度来看，

[①] Robert Laffont, 2017.

苏菲·方塔内尔的白发反而成了其个人魅力的加分项。她是一位真正的女性榜样。

关于爱情与家庭的规训

另一种社会规训存在于对伴侣关系和家庭的理想建构中。在对幸福叙事的追随中，令人惊异的是，我们见证着身边如此多的人的家庭走向瓦解，身处困境。文学作品中更是充斥着各种悲情叙事——相互憎恶的伴侣、分崩离析的家庭。我们是被这些幸福叙事所欺哄，还是为了不失去希望而维持谎言？

在《光年》①一书中，詹姆斯·索特描述了一个展现所有幸福表象的家庭，书中一幅幅甜蜜而令人羡慕的画面跃然纸上。"田园诗意的晚餐，摆满酒杯、花朵和取之不尽的美食的餐桌……其乐融融。他们的晚餐总是缓缓铺展开，交谈的话题取之不竭。这对夫妻生活模式特别，充满自我牺牲的精神。他们更喜欢和孩子们共度时光，只和少数朋友维持往来。"但当读者读到光鲜表面背后的实情时，看清生活剥除了漂亮表壳后露出的粗粝真相后，所有的幻想随之沉重地落空。"终极启示之一是，生活并不总是如你所愿。"

文学创作是社会景观的折射，作家们正是通过作品讲

---

① Éditions de l'Olivier, 1997.

述着这个不完美的世界。我们都想经营理想的家庭，但谁清楚完美得令人焦灼的邻居关上门后，家庭内部的真实情况是怎样的呢？

白马王子什么时候会从天而降？尽管在女权主义和道德解放浪潮中的"白马王子"备受批判，但它仍拥有不可替代的价值。即使婚姻不再是共同生活的必要条件，但处于彼此相爱的情感关系中仍然令人向往。在法国，36.7%的女性是单身。[①]当处于情侣关系被视为规范、常态时，单身女性便常常成为他人议论的对象。她们要面对轻率的质疑、尖锐的言论和来自家庭及社会的压力："怎么总是单身？""你没有生活伴侣？""你现在有约会对象吗？"如果每次被问及这个问题的时候她们就往储钱罐里投一枚钱币，那么储钱罐里的积蓄很快就可以支付起她们度假的开销了。

在《存心取悦……还是单身》[②]一书中，精神分析师苏菲·卡达伦和记者苏菲·琪鸟对此问题分析如下。

这些对单身状态的追问来自关切的父母，来自带着默契微笑的女性朋友，来自即将结婚的、不好意思抢了我们风头的妹妹，来自人群里过着情侣生活的陌生人……处于

---

① Insee, 2015.

② Albin Michel, 2009.

情侣关系中仍被社会视为标准模式。暂时的单身状态可以得到容忍，但当它成为一种自主选择或当它维持许久时，就会引来周围人怀疑的目光。

我们都会记起电影《BJ单身日记》里的那个古怪场景：单身的布里奇特·琼斯参加了一个晚宴，而受邀者除她之外全是成双成对的情侣。[1]

"你的感情状况如何了？"

哦，不，他们为什么哪壶不开提哪壶？为什么？也许这些骄傲的已婚人士交往过于频繁，以至于他们已经不知道该如何与单身人士交流了？

"对了，布里奇特，你怎么还没结婚？"沃妮抚摸着她明显隆起的腹部笑问道。

我本该回答"因为我不想变成一头像你一样的肥乳牛"或者"因为在衣服的掩盖下，我的皮肤布满了粗糙的鳞片"。

"你最好赶快把找对象提上日程，老姑娘，时间不多了。"

"不如来看看数据统计？这年头，有1/3还是1/2的婚姻以离婚收场？"我嘟嘟囔囔地反驳道。

---

[1]　Fielding H., *Le Journal de Bridget Jones*, Albin Michel, 1998.

随后我迅速搭上出租车，在车上泪流满面地崩溃了。

面对这样的社会压力，单身的人还能有什么自信？更不用说那些既不符合这一社会要求，也不符合"正常标准"的女性。

家庭原因

在所有导致自信匮乏的原因中，我们总要追根溯源到家庭上。人们普遍认为，童年是培养自信心的重要时期。

43岁的利蒂希娅是一名专攻家庭法的律师，她向我们这样倾诉。

我的哥哥比我年长一岁。因为他高三复读，所以我们在同一年考取本科。我一直担心的事情就这样发生了，因为我的成绩一直都很优秀，他却成绩平平，要靠许多努力才能通过考试。出成绩的那天让人屏息——我得到了优异的成绩，他却要参加补考。于是我压制住自己喜悦的心情，努力地鼓励他。尽管我父母没有用言语表达对他的失望和对我的骄傲，但他们还是在不经意间流露出这样的情绪。幸运的是，我哥最终还是成功通过了高考，上了大学。他在大学攻读历史，我攻读法学，我们很快又变得亲密无间。即便如此，我过了很久才意识到自己的不自信源于这段创伤性的经历：我总是自动地最小化我的成就。我甚至禁止自己庆祝取得的成功（比如在通过巴黎和纽约的司法考试时）。我常自我灌输道：你不过是运气好罢了，没什么好小题大做的，许多人都可以取得这样的成绩。30岁时，我虽然事业有成，但我的感情生活以一次又一次的失败告终，很久以来，我都是孤身一人。后来我哥结婚了，生了个孩子。心理治疗让我意识到，过去我一直活在哥哥的阴影下，只有他幸福，我才允许自己如意顺心。两年后，我也结婚了，并重新找回了自信。当别人称赞我的时候，我不再试图用偶然或运气为自己的成功归因，我学会了简单地说：谢谢你。

无论男性还是女性，个体对自信和自尊的把握常常源于过去的人际交往经历。除了其他因素，这种为了改善日常生活而冒着风险向前迈进的生气勃勃的精神，常在个体与父母或童年时照顾他的人的互动中形成。

依恋理论：安全感和自信心的必需

除了前文谈到过的罗杰斯提出无条件的积极注视的必要性，还有两位研究者在学术生涯中致力于研究心理最优发展的课题，其中一位是提出依恋理论[①]的英国精神病学家及心理分析学家约翰·鲍比，另一位是与他关系密切的

---

① 1969,1973, 1979.

学术合作者——美国发展心理学家玛丽·爱因斯沃斯。后者在这本书中具有双重地位，因为尽管她的学术造诣很深、学术研究范围甚广，但她承认自己长期缺乏自信，为此不断质疑自己的价值。

在研究编制了"陌生情境"[1]测验后，根据母子关系的类型，爱因斯沃斯定义了三种不同的依恋类型。[2]

- 安全型依恋（最常见的依恋类型）
- 焦虑矛盾型依恋
- 焦虑回避型依恋 [3]

这一理论模型是 20 世纪最重要的心理学理论模型之一，它对依恋与信任之间的联系提供了非常有价值的启示。虽然爱因斯沃斯追随约翰·鲍比的理论，同样重点分析母子关系，但她通过个人故事谨慎地安慰女性不要为此感到愧疚："假设像期盼的那样，我有了几个孩子，我也会想当然地觉得自己理应能保持母职和事业之间的平衡，但其实我并不认为有一个现成的、简单的、普遍的方法可以解决两者的平衡问题。"[4]

---

[1] Ainsworth M. et Wittig M., 1969.

[2] Ainsworth M., 1978.

[3] Ainsworth M., 1970.

[4] Karen R., *Becoming Attached*, Oxford University Press, 1998.

爱因斯沃斯的理论强调儿童对安全感基本的、与生俱来的需求。为了得到安全感，他们会通过一系列信号，如哭闹、尖叫或嬉笑与父母建立联系。这些信号都是孩子吸引父母注意力的方式，他们以此最大可能地与父母亲近，以得到自身所需的关爱。"依恋行为被定义为个体通过各种方式靠近自己依恋对象的行为，后者经常被前者认为是人群中最强大、最有智慧的人。"[1]

父母倾听和理解孩子的需求和态度，并一以贯之地给予反馈，可以满足孩子对安全感和保护感的需求，特别是在孩子感到痛苦和烦恼时。[2]在这样的互动中，孩子的焦虑、恐惧或其他负面情绪将得到解决和调节。逐渐地，当孩子知道自己无论何时都能回到父母的领地中，而父母将永远在场的时候，他们就会开始尝试探索自己的空间。尼古拉·蒂埃蒙德和马里奥·马罗在他们关于依恋理论的书中引用了约翰·鲍比的说法："他（约翰·鲍比）认为，自尊心在很大程度上取决于依恋关系的质量……用约翰·鲍比的话说，一个孩子如果感觉自己被爱的源头是富有爱意的

---

[1] Bowlby J., *The Making and Breaking of Affectional Bonds*, Tavistock Publications, 1979.

[2] Main M. et Cassidy J., 1988 ; McLeod S., 2018.

父母，大概率情况下他们会有很强的自尊心。"[1]因此，个体若能够以独特的存在方式被对方接受（即使是在身处困境的时候），他就能够拥有很强的自尊心，并在内心深处相信自己是"值得被爱"的，也就是说，他配得上这么好的爱。

法国作家安东尼·德·圣埃克苏佩里在《小王子》一书中写道："本质的东西眼睛是看不见的，唯有用你的心才能看清。"这句比喻准确地描述了人性的特质——关注和共情，有助于父母善于倾听、积极回应子女的需求。这样的态度有利于我们培养自信心。这并非诉诸先天决定论，而是要指出一系列关于爱的互动能够回应孩子不同的情感需求，有助于培养和维护孩子基于现实建立的价值感和自尊心。

与之相反，对处于缺乏安全感的家庭中的孩子来说，他要面对的是父母明显的情感距离和不稳定的相处状态。在这一环境中，他感受到的误解或排斥而得到的心理反馈，将进一步导致他怀疑自我和自我的价值。

随后，这一人生初期阶段中认可的缺乏将促使他通过追逐成功、寻求认同和接受来获取认同。但要知道，他对认同的寻求并不是一以贯之的，一旦如愿，他的渴望马上

---

[1]　Diamond N. et Marrone M., *Attachment and Intersubjectivity*, Whurr Publishers, 2003.

就消失了。

要注意的是，这一论述并非有意鼓吹先天决定论。与任何心理过程和心智建构一样，我们总可以改变已习得的心理机制。

尊重每个孩子的独特性为何如此重要

一般来说，若在某种教育过程中孩子不被视为一个完整的个体，即有个性，而不仅仅是父母形象的延伸，这将不利于他培养和保持以自信的眼光看待自我的习惯。如果把对子女的爱建立在僵化的规范上或将随意的情感表达强加给子女，他们的发展将受到限制。

这种不接受自我的恶性循环伴随有一种反常的表现：孩子推想自己的存在是可耻的。而孩子的自尊心一旦被异化，他们对自我的评价就会随着父母或人生后期其他威严型角色对其成功或失败的反应产生变化。他人的评价就这样化作牢笼，将他们的自尊心困在其中，致使他们在"是什么"和"做什么"之间摇摆不定，他们本真的面目则无法被接受。比如，一个小女孩想学习拳击，虽然她的父母曾希望女儿学习芭蕾，但他们并不因此将她限定于某种特定性别中，那么，为她购买拳击手套而非芭蕾舞服，就是对她的尊重。

父母对女儿的期望

在家庭中，父母对女儿的期望与对儿子的期望有所不同。人们认为男孩可以玩更富有斗争性的游戏，女孩若加入其中，则会被称为"假小子"。性别的文化规范倾向于鼓励女孩扮演照顾他人的角色，将他者的需求放在自己的需求之上，甚至以牺牲自己的诉求为代价，潜移默化地，女孩将在想拒绝他人请求的时候支支吾吾、犹豫不决，或者屈身于"支持者"这一次等角色。

在兄弟姐妹之间受到父母批评性的评判或羞辱性的攀比如"你哥哥比你强"，也会在女孩心中编造一种内化的叙事，消极地影响其积极和自信的自我形象，使其习惯于自我批评。自我设限的想法就这样产生了，比如，"如果想得到别人的欣赏或重视，就必须乖巧听话"。这种教育方式使女孩相较于弟弟或哥哥来说更容易自我怀疑。

父母的眼光和冒充者综合征

在更具体的冒充者综合征案例中，波林·罗丝·克兰斯和苏珊娜·艾姆斯提出，女性常常对自我进行错误的解读。[1]这种解读源于家庭对她们有条件的关注。这种来自

---

[1]　" The Impostor Phenomenon in High Achieving Women : Dynamics and Therapeutic Intervention ", *Psychotherapy : Theory, Research and Practice*, vol. 15, n° 3, 1978.

父母的有条件的关注有吹毛求疵的倾向，并常带有强烈的规训意味，会极大地影响女性对自身的认知。波林·罗丝·克兰斯和苏珊娜·艾姆斯标识出一体两面的两种不同的家庭情境。

在第一种家庭情境中，女孩被置于至高无上的地位，她无所不能。所以这个女孩在成长过程中会想："只要我想，没有什么事情是我做不到的，何况我轻而易举就能做到。"然而，随着时间的推移，她发现自己不能像她或她的家人期望的那样出类拔萃。她开始觉得自己无法实现他们的期望和评价，但她还是觉得自己不能辜负周围人对她的殷切期望。她不得不为了取得理想的成绩而加倍努力，同时，她开始认定自己其实是个冒充者。

在第二种家庭情境中，女孩被认为不如其他兄弟姐妹优秀。这个家庭中有另一个孩子被认为更具天赋。

女孩从小就铆足了劲儿，想证明自己同样富有聪明才智。然而，不管她多么努力，都不能改变周围人对她的看法。上学后，她想向家人展示自己的天赋。她经常取得优秀的成绩，但无论如何就是得不到他们的肯定。她因而产生了冒充者的感觉，她想继续向他人证明自己的价值，并开始认为周围人不相信她的能力是有原因的。[1]

———————————

[1]　*Ibid.*

　　在萨米·希伯德博士看来，父母的严厉批评和有条件的爱是造成孩子有冒充者综合征的另外的因素。"如果你听着各种批评和消极评价长大，脑子里有一种批判性或负面的叙述，那么你做事的方式将不尽如人意。若你是一个完美主义者，那么没有任何结果能达到你的期望。即使成功了，你也会不断转移目标，你将因此永远无法完全实现对自我的期望。"

　　为自己建立一整套自我批评系统后，你将得到承载着各种偏见的混合物。它不仅使你无法以积极的眼光看待自我，更导致你难以善待自己。

　　说到这里，我们对上文的内容进行一下回顾总结。我们缺乏自信，是因为这一特质刻在女性的基因里，是因为我们觉得自己与身处的社会格格不入，是因为我们没有足够的社交媒体粉丝，是因为我们有不体面的赘肉，是因为父母从来没有开口称赞过我们。但重要的是，我们要知道信心匮乏并非不可逆转。我们处于起伏不定的变动中，只要改变观念，超越别人或自己强加给自己的限制，就能一步一个脚印地完成目标。

第三章

冒充者综合征的类型

一个人知晓如何度过这一生是
从相信自己的那一刻开始的。

歌德

冒充者综合征患者的共同特征是对自我提出一系列偏执的怀疑和苛求，认定自己的成功归功于偶然和运气。我们可以根据他们的不同特点对这一群体进行分类。我在上文提到过瓦莱丽·杨博士，她举办的治疗工作坊大获成功后，她去往美国，在美洲大陆进行巡回介绍。她的第一个工作坊主题是"你如何制定判断个人能力的标准"。在收集了上百条意见后，她发现"不同女性对能力的定义各不相同"。为了不至于因"达不到期望"而感到焦虑或羞愧，她们对自己的能力制定了严格的标准。根据这一调查结果，瓦莱丽·杨提出冒充者综合征患者分为五种不同类型：

- 完美主义者
- 专家心态者
- "独行女侠"
- 故步自封者

- 全能女超人 [①]

瓦莱丽·杨提出的各种类型是有所重叠的，因此一个人很容易对不同的类型产生自我认同。但这些类型的重要性在于它们揭示了冒充者综合征的不同表现形式，我们能在这些类型里看到许多在此书中出现的女性，以及本书作者之一安娜在进行心理咨询过程中接触的女性的影子。

此外，我们在这些年的咨询经历中也发现了其他类型，因此我们认为有必要在上文提到的五种类型之外再补充另外两种类型。相比于冒充者综合征本身的特点，以下两种类型与信心匮乏更相关：

- 奉献者
- 虚假自信者

完美主义者

冒充者综合征的第一种类型是完美主义者。它被认定为最普遍的类型并不令人意外，因为完美主义与冒充者的感觉紧密相关。瓦莱丽·杨解释道："完美主义者会把关注的重点放在完成任务的方式上，在无限辉煌的成就里，哪

[①] Young V., *The Secret Thoughts of Successful Women (Les pensées secrètes des femmes qui réussissent)*, Crown Business, 2011.

怕出了任何微小的错误，完美主义者都会产生失败感和羞耻感。"对完美主义者来说，这种对个人能力的定义会使他们自认为是冒充者。鉴于完美主义者的代表性和广泛性，我将用更大的篇幅分析这一类型。

完美主义：冒充者综合征的回应

一个人若在生活中持续地或不时地受到冒充者综合征的影响，他就会战战兢兢地担忧"我的无能很快就会暴露在光天化日之下"，为了消除忧虑，他便花尽力气来"补偿"，以避免可能出现的令其羞耻的情况发生。这就是完美主义者会对自己提出过于严苛甚至不切实际的高要求的原因。

完美主义作为一种策略，就这样进一步强化了冒充者对自身能力不足的迷思。他反复进行自我灌输："如果我成功了，不是因为我真的有能力，而是因为我付出了500%的努力。"这样的想法进一步导致他自信心匮乏，显然，由此导致的精力消耗更不利于他实现下一次的成功。

何为完美主义

渴望在投身的事业中获得成功是很正常的心态，对完美的渴望可以成为成功的源泉。但这种追求完美的需求如果像暴君一样在内心对我们喋喋不休，它就可能演变成病态心理。心理学家指出，"高标准"或"严要求"将使我们难以容忍任何瑕疵或失败，它让我们觉得自己无论在专业领域还是在生活的其他方面都不够优秀。简而言之，无论如何我们都达不到自己理想的高度。

这就是适应性完美主义和非适应性完美主义的区别。适应性完美主义是指个体对高个人标准和成就的渴望，当他为此付出一定努力后，目标的实现便在他的能力范围内；非适应性完美主义则是个体对自己强加不切实际的要求，这些要求将给他带来焦虑和压力。"[1]

心理学家保罗·L.休伊特和戈登·L.弗莱特通过3个层面阐释完美主义。

- 自我导向型；
- 他人导向型；
- 社会导向型：个体认为社会或周围人有不切实际的高期待，但自己有义务满足这种期待。[2]

社会导向型这一层面指出了个体面临的想象中的"完美"义务。据此我们不难想象，当女性在现代社会中受到各种不同的限制时，她们很可能会轻易陷入非适应性完美

---

[1] Psychomedia, avril 2019.

[2] Hewitt P. L. et Flett G. L., " Perfectionism in the self and social contexts : Conceptualization, assessment, and association with psychopa- thology ", *Journal of Personality and Social Psychology*, 1991.

主义的陷阱中。

　　他人导向型的完美主义往往会导致冲突。当个体将高标准强加于伴侣和同事时，这类冲突尤其容易发生。

　　接下来的这个故事值得我们深思，故事的主人公是32岁的劳拉，她是一位卓越的银行家。

　　劳拉成长中受到的教育充斥着严厉的要求、控制和批评："我的童年时光时而富有温情，时而非常暴力。我的父亲曾有一段非常艰难的童年，他年仅3岁时亲眼看着自己的父亲去世，6岁那年他被送进了寄宿学校。他从小受尽苦难，从未得到任何关爱，他和任何人之间总存在一种紧张的权力关系，和我也不例外。我的母亲从事繁忙的自由职业，而他是老师，我做功课的时候他经常在家。当我开始学习阅读的时候他非常没有耐心，如果我读得不够快或者没有马上读出来的话，他就会体罚我。这无疑影响了我之后的工作态度，这段经历给我培养了一种追求完美的倾向和害怕犯错的心理。和父亲在一起的时候，我总觉得如坐针毡。后来，青春期的我出现了饮食紊乱问题，十四五岁时我得了厌食症，18岁的时候却开始暴饮暴食。这段经历也影响了我和男性的关系，我经常会把男人与暴力联系在一起。当然，这是我花了很多时间进行心理治疗后才意识到的。"

完美主义的表现形式

"后来，当我进入职场后，我在工作中发现了自己的心理与完美主义之间的关系，以及总是需要被领导肯定的心理。冒充者综合征使我养成了一种幼稚的心态——总是需要男上司或女上司认可我的成绩。当我入职一家声名远扬的投资银行后，我仍需要得到认可，需要我的经理告诉我'我为你感到骄傲'，只有这些话能让我安心。如果他没有对我表达肯定，我就会觉得自己做得还不够好，觉得浑身不自在。即使到了今天，我仍然觉得自己要加倍努力才能让别人认可我的聪明才干。在23岁的时候，甚至在那之后的几年，我都对自己的智力水平非常自卑，总觉得自己必须证明些什么。这种对成功的渴求和向父亲证明他低估了我的能力的愿望，为我努力奋斗提供了不尽的动力，促使我在职场步步高升。我先后在巴黎和瑞士工作，后来被提拔到了伦敦工作。"

完美主义者和独立女性

"在潜意识中，我把当时的女上司视作自己的母亲，所以在很长一段时间里，我把自己想得到肯定的需求投射在她身上。当工作量变大时，这种心理投射导致我精疲力竭，我们之间的特殊关系更将我置于不利的境地。这段关系变得极为有害，这位被我视为母亲的女上司让我回忆起与父亲之间的紧张关系。我陷入了职业倦怠期，不得不请两年假来度过危机。我利用那两年的时间努力解决自身的问题，反思过去难熬的职场经历，同时也反思自己的个人生活，反思对认可的无止境的需求和'永远都不够好'的感觉。我必须承认我不喜欢得到别人的帮助。父亲曾经这样粗暴地批评我：'我必须从头开始教你，因为你做得实在太烂了！'但在职场中，同事们总想方设法地帮我，我因而渐渐明白了其中的道理。"

两类冒充者综合征的解构

"入职新工作后，我着手处理一个大型并购项目。几周过去后，同事对我透露：'老板告诉我你的工作能力非常出色。要知道他是一位有很高要求的上司，得到他的夸奖是很难的。无论如何，我对你的能力深信不疑。'他的一番话让我放下心来，我感到自己得到了认可。此后我对自己有了更深的了解，并意识到自己曾经有过多么严苛的自我要求，这种荒谬的行为简直是自我破坏！从此我也意识到，自己已经向前迈进了一步。同事和老板的认可对我来说是很重要的，他们的眼光使我感到自己的才智被肯定，这帮助我解构了对自我的苛求和完美主义倾向，使我能以更好的心态认识自己。现实主义者的性格特点使我不怕看清事情的原貌，对自己的短板和优势的客观认识更帮助我看清了事物的全景，我知道何时应当适可而止。所以了解自己对我是莫大的帮助。我不会再像过去那样自讨苦吃了，现在我要努力自尊自爱，不把他人的想法视为终极真理，毕竟自己才是最重要的。"

女性的完美主义

在传统眼光中，无论在家庭中还是在学校中，乖巧的小女孩总是会得到赞赏和器重。做一个"好"女孩意味着处处完美，而好女孩对这种认可的寻求似乎是终其一生的。反观小男孩们，他们粗枝大叶的一面则更容易被容忍。从某种程度上说，这也是在为他们今后面对生活中的不完美做准备和训练。

瑞秋·西蒙斯在《好女孩的诅咒》一书中描述了女孩们在成长过程中如何被培养得礼貌、谦虚和忍让。她具体阐释了"好女孩"形象带来的消极后果。

"好女孩"要循规蹈矩，以完美的姿态展现自己。她们不像男孩那样，拥有那么大的试错空间……结果是，她们最终变得凡事小心翼翼。过分谨慎的行事风格更演变成一种自我强化的习惯，她们越是在轻松的环境中感到舒适，就越是觉得任何错误都面目可憎。[1]

---

[1] *The Curse of the Good Girl* (La Malédiction de la gentille petite fille), Penguin Publishing Group, 2009.

进入成年期后，她们不得不在喧嚣中为自己争夺话语空间，她们必须找到一席之地，甚至闯出一片天地，但她们长年累月生活于其中的环境并不能给她们提供帮助。

而且，这种从小强加于她们的完美主义不仅从未远离，有时甚至变成了一种执念。在青春期和成年期，许多女性会不切实际地要求自己"十全十美"，她们把诸多人生经历视作失败，进而陷入自我批评和焦虑，并对自身能力产生怀疑。这不仅阻碍她们努力实现理想抱负，更导致她们觉得自己是冒充者。她们空有一身才干，却对此不抱任何信心。殊不知，认为投身任何事业都需要无懈可击的准备是最有害的谎言。

冒充者综合征：完美主义的后果

冒充者综合征这一消极的心理机制往往会让女性在各种责任之间辗转反侧，她们以高标准来要求自己承担各种责任，并认为做任何事都要投入同等精力，以求尽善尽美。往往在履行了许多"义务"之后，她们才用剩下的一点儿时间思考自己想要的是什么。

安娜在心理咨询中接待过许多金融界从业人士，她们中许多人受着过度劳累、抑郁症或焦虑心态的困扰，经常因为觉得自己没有达到预期目标而感到愤怒、沮丧和内疚。在她们的倾诉过程中，我们很快就能发现其苦恼的症结所在——她们投向自我的理想化眼光变成了某种"暴政"，导致她们几乎在所有方面都患得患失。无论在穿衣打扮、整饬家务、运动健身，还是亲子关系、伴侣关系、私人领域的互动、职场中的表现，皆是如此。

心理咨询中，女性患者经常泪流满面地描述着她们发现自己的"错误"时的惊慌失措，还因自己未能更好地对"任务"进行预期管理而深感沮丧。她们常面对电脑、镜子和烹饪书发呆，总是不断寻找完美的食谱和帮助她们精益求精的法则。其实，她们深陷的抑郁困境正是完美主义最极端的表现形式之一，也是追求完美主义带来的种种灾难性后果。完美主义心态还使她们总以消极眼光看待自己。

在这样的情况下，女性怎能不怀疑自己的能力呢？完美主义就这样引发了冒充者综合征。

玛丽爱莲娜是三个孩子的母亲，也是一位全职工作的职场女性。她的职场倦怠期险些发生在处于学龄期的孩子们长跳蚤的时候！这个原因听起来莫名其妙，甚至引人发笑，但它确确实实成了激化矛盾的导火索。当时她任劳任怨，每日清洗四套床品，给三个小孩逐一洗头、仔细梳理头发，除此以外，她还要例行参与会议、购买家庭日用品、记录报告，等等。

面对持放任态度的丈夫，她变得易怒，更感到失望、受伤且愤懑。最终她彻底崩溃了，怀疑自我和自己的能力，也无法承担家庭责任，也无法与客户共进晚餐。她的工作就此停滞不前。两周后，她感到难以为继。

这个故事表面上看来几乎有些让人哑然失笑，但它正是完美主义在家庭领域产生影响的具体表现。女性不寻求他人的任何帮助，却给自己制定高标准，给自己施压。那种永远达不到目标的绝望和为了几只跳蚤而崩溃的情节，确实成为女性受完美主义影响的佐证！

有的女性不仅没有认识到自己制定的目标不切实际，还把随之而来的失败视作自己缺乏能力、毫无用处的证明。相反，一些小成功，如商业洽谈成功、取得优秀成绩、掌握高水平的技能等，很快被她弃如敝屣。她对成功及失败的完美主义式的解读使她深受其害。

无论多么微小的失败，都会被完美主义者定性为灾难事件，以此强化她对自身能力和价值的极端怀疑。为了防止任何失败发生，她付出不成比例的努力，做了很多检查工作，还给自己持续施加压力。这种压力不仅使她饱受煎熬，也使她身边的人不好过。她还对自己毫无体恤，要求事事不能出差错。

矛盾的是，这种心理带来的另一种后果是完美主义者采取不作为的对策：无法完美地完成一项任务的错误想法使她感到无力，她不愿冒得到不完美成果的风险，认定这样的任务毫无用处。

完美主义者和她的偏执观念

我们有能力做到事事完美吗？答案显然是否定的。但完美主义者的偏执观念却使她们产生了如下绝对化的想法。

- 设定目标时不考虑可能有的限制
- 对自己有异想天开的期待
- 极度害怕犯错或遭遇失败
- 坚持一系列僵化的原则，在这些原则的指导下，一切非黑即白，没有中间地带
- 服从于一连串的"需要如何如何"

上述狭隘的观念强化了这样的想法：任何小错都会带来极其严重的后果。这导致她对失败心怀恐惧，使她陷入冒充者综合征的恶性循环。

叛逆女性：反思女性的地位

"需要"是德国新弗洛伊德精神分析学家卡伦·霍妮[①]提出的说法。这位卓越的女性不惧严厉的父亲的阻挠，

[①] *Neurosis and Human Growth*, Norton, 1950.

毅然踏上学医的道路。随后，她对精神分析之父西格蒙德·弗洛伊德关于女性心理学的理论提出了质疑，她认为女性的一些心理问题不是生理上的本能和冲动造成的，而是在她们身处其中的社会和文化条件影响下产生的。[①]因此，问题的关键不仅仅是精神的，而且是人际关系间的。这一观点强调了人际关系在人们的观念的形成过程中起到的关键作用。此外，人际关系也影响着我们的身心健康。

为了拒绝从男性化和弗洛伊德的角度解读女性的地位，她反其道而行之，提出了并非女性感到"阴茎嫉妒"，而是男性感到"子宫嫉妒"。换句话说，男性不能像女性那样拥有生育能力，他们便只能把一身精力投注到其他领域中，这也间接导致了女性的附属地位。

卡伦·霍妮还强调父母营造的家庭气氛对子女自信的养成起到的重要作用。热烈的家庭氛围有助于培养自信的子女，而冷漠孤立、充满敌意、互相伤害的家庭氛围则不利于子女增强信心。[②]

[①]　*New Ways in Pychoanalysis*, Norton, 1939.

[②]　The Neurotic Personality of our Time, Norton, 1937 ; *Our Inner Conflicts*, Norton, 1945.

应警惕完美主义的 6 个征兆

- 超时、超负荷的工作习惯；

- 由于害怕失败，不愿意在没有百分百准备的情况下投身新项目（可能导致的更糟的后果是拖延症）；

- 过度关注事情发展不顺利的方面；

- 因为害怕任何可能发生的错误，难以放心地将工作分配给下属，在一些情况下表现为对他人的严格监管；

- 对自我的完美标准异常严格，对外界的批评容忍度很低；

- 严苛的自我批评。

专家心态者

瓦莱丽·杨分析道："完美主义者对工作质量吹毛求疵，抱有专家心态的女性则要求自己掌握大量的优质知识"。[①] 她的潜台词是："只有我无所不知，才足以证明我有能力！"因此，抱有专家心态的女性是"万事通"——这一特质符合她对个人能力的定义。她推崇"天赋异禀"，却

---

① Young V., *The Secret Thoughts of Successful Women : Why Capable People Suffer from the Impostor Syndrome and How to Thrive in Spite of It*, Crown Business, 2011.

对"要不断学习"的想法感到不太自在，"不断学习"意味着她和所有人一样，都还有进步或学习的空间。

在投身某一项事业前，她总认为自己必须对全局有完整的了解和掌握。生活于她而言就像无涯的学海，而她掌握的知识永远都不够。在这种心态的影响下，我们不难想象，当她申请一份新工作时，专家心态会对她的求职过程造成何等阻碍：她将客观现实抛在脑后，实际上她有充分的职业经历和学识储备可以胜任目标职位，任职所需的其他知识或技能则可在入职后慢慢习得，但若是她脑海中一直萦绕着对尚未习得的知识的焦虑，并且认定这块知识短板会导致求职滑铁卢。

佐伊的学历和经验都足以使她胜任一家瑞典大公司中的理想职位。

"但我不会说瑞典语……即使这个职位在波士顿，即使公司内部所有交流都用英语进行，我还是觉得自己必须掌握瑞典语。准备面试的过程中我同时上了三个月瑞典语课程，最终通过了初步筛选。但我还是纠结自己对瑞典语的熟练程度不够，后来索性放弃了最后一轮面试。虽然没有得到这个职位，但这次经历让我意识到对专业知识的苛求会阻碍自己前进。事实上，这种不合理的严格自我要求已经让我错失了两次职场晋升的机会。我今年33岁，幸

运的是，在接受了认知行为疗法后，我学会了不再让机会
溜走。"

"独行女侠"

"独行女侠"在给自己设定了一项任务后就会事无巨细
地坚持到底。为了使自己的表现足够夺目，她认为应该由
她，也只能由她，独自一人完成指定任务。她认为自己不
仅应该无所不知，还应该独自一人找到所有问题的解决方
案。向他者寻求帮助在她看来是示弱，是令其羞愧的行为。

"独行女侠"的典型心态有以下几种：

- 只有单枪匹马地工作才能证明我的能力！
- 要独当一面，向他人求助是一项"重罪"。
- 我不需要任何协助，否则只会显露我的弱点。

换句话说，"独行女侠"就像人生海洋中独自航行的船
长。这正是 28 岁的维奥莱特面临的情况。

在她出生前，她的父亲期待着有一个儿子却未能如愿，
他便以严厉的管教方式，像抚养男孩一样将维奥莱特抚养
长大。成长过程中，她只有一个念头：逃离自己出生的小
镇，揣着高考文凭去模特学校进修，成为一名服装设计
师——这是一个被小说滋养的小女孩的梦想。

"我很机灵，很快就明白了只有依靠自己才能实现目标。我父母认为演艺圈乌烟瘴气，认为我不可与其中的人结交。他们期待我考取公务员，做一份安稳体面的工作。我一意孤行，一边进修一边当家庭保姆、做兼职，和其他舍友分摊房租，最后终于成功'登陆巴黎'，还凭借玛丽·安托内特的服装设计作品得到了评审团的赞赏。随后，我还很幸运地在法兰西喜剧院谋得一职。但职业上升过程中我的工作责任也随之加大。我日渐习惯了一个人在堆积如山的书籍中赶工。由于年纪尚轻，经验不多，其实我内心知道自己并不配得到所得的成绩。某次戏剧团在外省巡回演出的时候，有两套服装被寄错了，演出面临被取消的风险。由于习惯了一个人做事，我独自承担了临时制作演出服装的任务。我将全身心投入其中，完全没有考虑到离演出开始的时间已经非常近了。当时戏剧制作人在没有提前告知我的情况下找来两位服装设计师，现在回想，当时我对他们很不客气。我把他们提出的每一个修改意见都视作自己无能的证明，我当时不配合的态度更是消耗了团队的时间。最终这项工作艰难地完成了，它使我明白，寻求帮助和团队合作不仅能让我学到知识，还能推动我不断进步。齐心协力同样可以取得成功。"

故步自封者

这类冒充者综合征患者的特殊之处在于，她们不仅在乎成功，更在乎如何成功、何时成功。瓦莱丽·杨解释道："对于故步自封的人来说，能力高低取决于解决问题的轻松程度和速度快慢。她们在努力学习一门学科或技能的时候，总想在第一次尝试时就成功，若不能如愿，就会将之视为失败，为此感到羞耻。"

"故步自封者"的典型心态主要表现为以下几种。

- 如果我要为之付出一丁点儿的努力，那么就代表我不够优秀。
- 我必须在第一次尝试时就成功。
- 我是不可能为了习得某项技能而投入心力的，这会让别人不把我当回事儿。
- 我觉得自己做事慢腾腾的，效率低下，这令我感到羞愧。

故步自封者总是以偏颇的眼光看待新事物，由此感到心里背负着很沉重的包袱。她们对坚韧不拔的品质不屑一顾，期待天上掉下热腾腾的馅饼，甚至期待别人告诉她应该学些什么。

今年 29 岁的杰西卡是一名烘焙面包坊的糕点师。在整个学徒培训期，她赢得了老板们的交口称赞。

"两年前，我的前老板们要将生意转手的时候，他们坚持要求新的老板留用我。他们说，如果没有我这位甜品大师，顾客就不会再光临了。我当时听到这句赞美时感到受宠若惊。我的前老板们刚离开，新老板就笑眯眯地和我商量研发新的甜品。其实这并不算巨大的工作量，但意味着我要重新温习食谱、研发新品。一想到要做这些事，我就产生了强烈的无力感，何况我的脑海里还留着前老板们对我的夸赞、'甜品大师'的名号。眼下却要像新手一样学习新手艺！我沮丧地想甩手不干，此外，在起步阶段时没能一步到位更让我懊恼。好在我的老板们都非常信任我，且极富耐心。慢慢地，一切都步入了正轨。但我每每回想起一开始的时候，我都会感到羞愧万分。"

全能女超人

对全能女超人而言，周围秩序仿佛尽在掌握。瓦莱丽·杨对此阐释道："女超人以能够出色地承担多少个角色来衡量自身的能力。若只是承担这系列角色中的一个，比如母亲、妻子、家庭主妇、朋友、志愿者……对女超人而言都是失败、可耻的，因为她必须当全能选手。"

全能女超人的典型心态是：我是一个全能女性，自然应当无所不能！

全能女超人就像一台永动机。像完美主义者一样，她给自己设立各种严格的要求，不同的是，她把这些要求加倍，并且代入不同角色中。只在一个领域成功并不能让她满意，她必须在自我设定的每一个角色中出色发挥，这样，她才感觉自己是有能力的。她就像一位出色的杂耍演员，需要冒着风险将自己卷入不停歇的移动中，这类人往往会失去平衡，以请病假告终。

这就是发生在德西雷身上的遭遇。28岁的时候，她的人生称心如意：她有一位相爱的丈夫、一个一出产房就能睡个通宵的宝宝、一份让她心满意足的建筑师工作，她组织各种晚餐聚会得心应手，还有让朋友们羡慕不已的厨艺天赋，再加上一套位于巴黎时尚街区的设计师公寓。读者们大概对她的生活有个全景概念了。

"平心而论，我对自己的幸运感到难以置信。我嫁给了一生挚爱，与他共同抚养着一个健康无比的儿子，我的公婆和我的父母经常与我们共进晚餐，他们惊讶于我能够如此出色地兼顾母职和职场工作。为了和儿子一起度过更多时间，我有时会在家里工作。我每周都会组织一两次晚餐聚会，开玩笑说请朋友们来和儿子玩总比找保姆容易，但其实我还是聘请了一位保姆来照顾孩子。总而言之，我的生活曾经很完美。"

"直到有一天，我拿下一个大订单。为了赶上工作进度，我开始在晚上加班工作。虽然这让我精疲力竭，但也让我心花怒放。我以为这样的工作状态能够持续下去。但后来工作进程有所延误，我们和客户起了争执，我不得不加倍努力工作，回家的时间越来越晚。即使在这种情况下，我还是拒绝寻求丈夫的帮助，他是个律师，我心想可不能让琐碎的事情搅扰他，于是我坚持一个人去超市购物，准备饭食，等等。在某个星期六，我不得不去办公室加班处理一个订单。回到家后，丈夫说儿子今天刚迈出了他的第一步。因为我没能拒绝一项新的工作任务，我就这样错过了我的孩子迈出的人生第一步！得知这个震惊的消息后我忍不住号啕大哭。我的孩子撞上了我这么糟糕的母亲真是太倒霉了！这件事让我意识到自己一直处在生活的压力之下。随后，我休了两个月的假，学会了拒绝，也不再要求自己在所有领域都做到完美无缺。此外，我也慢慢学会了接受他人的帮助，这种感觉太好了！"

奉献者

我想通过另外两种人格类型补充上述五类典型肖像。其中一种是"奉献者"，它指的是表现出奉献甚至是自我牺性、自我受害者化的女性形象。她将自己摆放于次要位置，害怕令他人失望的恐惧侵蚀着她的内心。

35岁的玛依提就是"奉献者"的典型代表。

"我来自一个相当传统的家庭，母亲是全职主妇，要料理家务，照顾姐姐和我。母亲在越南出生，她在巴黎一所建筑学院接受高等教育，在那里遇到了当工程师的爸爸。姐姐出生后，她就不再工作了。"

"我的童年时光平凡无奇。我是个乖巧的小孩，酷爱阅读，尤其喜欢漫画书。我父亲很少在场，但他相当严格。我记得小时候和他相处总让我觉得不太自在，无话可说。我母亲非常细心，她会特别认真地检查我们的作业，尤其关注数学学科。出于对惩罚的恐惧，我自然发奋学习，取得了优秀的成绩，毕竟不及格是不被准许的。我恰巧在学术上很有天赋，在通过堪比军事训练的预科后就读于法国高等电力学院。我对这种井井有条的学术环境得心应手。然而，我从来没有问过自己真正想做什么。"

"后来我在一家业界知名的咨询公司当战略咨询师，在那里认识了我后来的丈夫。我们的第一个孩子出生后，在母亲的鼓励下，我没有重返职场。我的人生充满了被动性，直到那时，我都说不清自己真正向往的事业是什么。当我在后半生重新思考这个问题时，我才意识到，我的人生就这样被动地进行着。面对生活，我就像削足适履的人，从来不懂得拒绝他人的请求——特别是我丈夫的请求。当我们以外籍人士的身份移居新加坡时，我对自己的双重文化背景并不是很自在，于是完全把精力投入孩子的教育中。但我难以融入妈妈群，很长时间以来，我就躲在丈夫和家人背后。我仿佛渐渐成了一名出色的家庭保育员。在丈夫和孩子们眼里，我就像一个唯命是从的人，他们对待我的态度和说话方式都让我痛苦万分，但我不知如何要求合理的对待方式。我既担心自己无法重操旧业，又觉得力不从心，这让我内心充满了怨恨和担忧。如果我曾有过自信心，它现在也已经化作碎屑了。我一直在等待他人对我赐下生活的通行证，因为一切都是我丈夫说了算，久而久之，我就不再开口表达自己的诉求了。我仿佛对自己的人生隔岸观火，不知道如何将命运重新掌握在自己手中，但在我内心，一股无名业火却在不断升腾。在诞下第三胎的时候，我差点儿死在产床上。我的心情低落到谷底，感到既忧惧，又恐慌。这种生活方式若是持续下去，我大概会一命呜呼，我必须做出改变。"

"转变过程十分漫长，我还是经常感到内疚，但这种内疚与以前不同。小儿子出生半年后，我参加了公开演讲培训班和合唱团的声乐课，这帮助我找回了自己的声音，让我能真正开始倾听自己的声音。尽管这听起来傻里傻气，但这些行动确实就像奇妙的自信触发器。我曾经被捂住了嘴巴，现在终于找回了自己的声音。后来我们一家又搬到了泰国，在那里，我得以为其他像我一样有点儿羞怯的女性开设工作坊，帮助她们找到自己的声音，放声歌唱！"

玛依提的故事揭示了低自信心的另一种表现——一种由于害怕他人失望而牺牲自己的声音、顺应他人期待的心态。玛依提在很长一段时间里，一直活在他人的目光中，这让她对自己的价值失去了信心。但在经历了一次次的打击之后，她终于勇敢地挣脱了这些镣铐，将生活重新掌握在自己手中。这使她得以重建与自身的联系，找到她真正想做的事情。通过歌唱，她肯定了自身的价值，不再寻求他人的认同，逐渐离开了自己的舒适区。

自我牺牲的奉献者常放弃命运的诸多可能，选择默默无闻地留在幕后。这并非因为能力不足，而是因为社会的制约，这些制约在某些时代尤为严重。法国小说家科莱特就是如此。19 世纪末，她写下了以"克罗蒂娜"为主人公的系列小说，却由她的丈夫维利单独在书上署名。

梅格·沃里兹在她的小说《妻子》①中，讲述了一个女性如何被丈夫窃取了她的作家身份，并代替她领取文学奖项的故事。这种近乎自我牺牲的心态在当今时代看来可以

---

① Grasset, 2005.

说是耸人听闻。但在女性的集体无意识中，这种心态总是通过其他行为方式表现出来，比如不敢表达自我诉求。卡尔·罗杰斯在谈到"自我"的概念时说道："除非我们接纳自己的原貌，否则我们将无法改变、也无法脱离现状。"[①]接受自我是问题的关键，"虚假的自信"不仅反映出自信的匮乏，也反映出受自我意识笼罩的阴影，而自我意识恰恰对培养自信、释放能量不可或缺。

虚假自信者

在光鲜亮丽的外表下，"虚假自信者"隐藏着不为人知的、极度缺乏自我接纳的阴暗面。

展示傲视群雄的自信心，向全世界证明自己可以做3倍于他人的事情，显露职场、感情生活、身体塑形等领域的各种成功标志……这一切并不一定能反映良好的自尊心和内在的自信。很多时候，这种高高在上、看似坚不可摧的自我形象，其实是用来保护脆弱的"自我"概念的堡垒或烟幕，这个"自我"害怕被揭穿，经不起批评，稍不顺心就恼羞成怒。只有当他者不质疑这面由自我怀疑和恐惧筑起的高墙时，虚假自信者才能接受他者的亲近。而在这场永无止境的取悦他人、获取接纳的追逐中，只有当虚假

---

① *On Becoming a Person, op. cit.*

自信者凭借其营造的表象得到赞赏，她们才会感到自信。与此相反，缺乏他人的认同会使其陷入深深的自我质疑中，从而击碎她们的自信。

这种被过度自信的表象掩盖的自信匮乏，恰是缺乏自我接纳的表现。因为虚假自信者的自尊心就像完美主义者一样，太过依赖外在的成就，而非将其视作理所应当。它反映出虚假自信者也像完美主义者一样，难以接受自己的本性。而在这一点上，我们有必要对自己以及自己真正的价值进行更温和的审视。

电影中的虚假自信者

在伍迪·艾伦 1979 年执导的电影《曼哈顿》中，黛安·基顿饰演的玛丽·威尔基一角就是对虚假自信者的完美阐释。玛丽·威尔基是一位傲慢自大，略有些神经质的记者，她沾沾自喜于自己的智力水平，谈话中充斥着参考文献，爱引用卡尔·荣格、诺曼·梅勒、斯科特·菲茨杰拉德的名言，用出色的反思辩论挑战其他人的观点……但她在感情生活中寸步难行，怀疑自己将困在自己的内心世界中，孤独终老。

电影的部分摘录如下。

艾克：[赞美的语气] 伯格曼？我认为伯格曼是当今电影界唯一的天才。我想说……

玛丽：我的天啊，这种想法真是耸人听闻。我觉得他的电影里总是充斥着克尔凯郭尔的调调，非常有"青春期"的风格，总带着悲观主义的倾向，而且有大段大段的沉默。

玛丽：我厌倦了任由自己的身份认同淹没在智力超群的男性的主导权中了。所谓的天才男性！

玛丽：噢，到底什么是漂亮呢？我讨厌做个漂亮的花瓶。反正"漂亮"是太主观的审美判断了！

无论如何，如果我们想区分真实的自信和虚假的自信、想塑造健康的自我形象，那么重新评估自己信心匮乏的问题、重新审视自己对这几种人格类型持有的偏颇、过时的看法，是非常必要的。另外，同理心也将对我们助益无穷，因为它有助于我们克服对失败的恐惧，阻止我们对犯下的错误进行无休止的自我批评——这些都是冒充者综合征的起因和养分。

此外，即使女性在人生的某一阶段做过"独行女侠"或"虚假自信者"，她们也可能是货真价实的女超人。2019年6月25日，以严谨著称的《哈佛商业评论》发表了一项关于这个话题的研究结果的文章，文章指出"女性在大多数领导力技能上得分高于男性"（见表3–1）。①

同样的研究表明，女性在工作之初缺乏自信，但到了

————————
① 数据表明，在大多数管理能力上，女性得分比男性更高。

40 岁左右就会变得更加自信，50 岁以后就会进入自信期。
从某种程度来看，这是令人欣慰的现象，也证实了自信心
会随着时间的推移而发展（我们将在第四章的详谈这个话
题），我们将会在某些职业领域获得扎实的专业技能，将注
意力更少地集中在他人的评价上，更深刻地意识到时间飞
逝而生命短暂。

表 3-1　女性在大多数领导力技能上得分高于男性

技能	女性百分比（%）	男性百分比（%）
主动性	55.6	48.2
坚韧性	54.7	49.3
实践个人发展	54.8	49.6
以结果为导向的意志力	53.9	48.8
高正直感和诚实度	54.0	49.1
协助他人的个人发展	54.1	49.8
启发、鼓舞他人	53.9	49.7
果敢的领导风格	53.2	49.8
建立关系	53.2	49.9
推动改变	53.1	49.8
设立长远的目标	52.6	49.7
团队协作	52.6	50.2
对外界保持开放心态	51.6	50.3
频繁交流	51.8	50.7
解决问题、分析困难	51.5	50.4
快速	51.5	50.5

（续表）

技能	女性百分比（%）	男性百分比（%）
创新	51.4	51
专业和职业技能	50.1	51.1
发展策略性观点	50.1	51.4

尽管有这些数据支持，但标准·普尔公司根据美国500家大型上市公司为基础的股票市场指数进行了研究，结果显示，500家公司中只有4.9%的首席执行官是女性，而这500家公司中女性领导者的比例仅为2%。[1] 读者们读到这里，大概明白问题所在了。

杰萨米·希伯德提出的5个对抗冒充者综合征的建议。[2]

（1）以全面的眼光看待自己是对抗冒充者综合征的关键。

（2）公开谈论自己缺乏自信将大有裨益，遮遮掩掩不去谈论才会导致它变成令人羞耻的禁忌。

（3）我们总以为要做到无坚不摧，殊不知，是脆弱感增添了我们的魅力。

（4）拥有同理心，我们就会发现错误对培养坚韧的品

---

[1] " Pyramid : Women in S&P 500 Companies ", Catalyst, 11 juillet 2019.

[2] *The Imposter Cure*, Paperback, juin 2019.

质不可或缺，错误将使我们更强大。

（5）批评的声音会说："千万不要犯错，否则你就会成
为聚光灯下的焦点。"但富有同理心的声音会告诉
你："人无完人，犯错乃人之常情。"

我们都听过一句话：人非圣贤，孰能无过。但我们还
应该知道另一句话：沉溺在错误中是魔鬼的行径。总而言
之，生而为人，要懂得与自己的不足和解，也要不断地从
错误中学习，这才是走向自信的关键。

第四章

波动的自信心

当命运递给我一颗酸的柠檬时，
我会设法把它制造成甜的柠檬汁。

维克多·雨果

　　自信是一个流动的概念，会受我们经验的影响。其中童年时期对我们的影响尤其深远。正如前文所述，童年时期遭受的侮辱或苦难留下的创伤，可能会加强负面事件对我们的影响，导致我们陷入自卑、失败和羞耻的旋涡中。

　　人生道路上我们会遇到形形色色的人，有的人会打击我们的自信心，有的人会激发我们的自信心。没有什么是一成不变的，即使经历过艰难甚至可怕的童年时期，我们仍然可以通过培养坚韧的品质，重建自我，渡过难关。

　　这方面的例子比比皆是，法国作家阿尔贝·加缪就是其中一位。加缪从未见过自己的生父——他的父亲在第一次世界大战中死在了前线。加缪在阿尔及尔长大，家境贫寒。他的母亲是个不识字的聋哑人，奶奶性格暴戾，但他幸运地遇到了一位良师，一位相信他有远大前程，并且教他相信自己的良师。用精神分析学家鲍里斯·西吕尔尼克的话来说，那是一位"具有坚韧品格的导师"。1957年，当加缪获得诺贝尔文学奖时，他给自己的导师写了一封信。

亲爱的杰曼先生，评委会刚授予我一项使我受宠若惊的荣耀。虽然我既没有主动寻求也没有申请这个奖项，但当我听到这个消息的时候，继母亲之后，我想到的第一个人就是您。没有您，没有您对我这个可怜的孩子伸出的爱心之手，没有您的教导，没有您的榜样，我不可能得此殊荣。

谁能想到经历悲惨童年的加布里埃·香奈儿，也就是大家熟知的可可·香奈儿，能空手建立一个"商业帝国"。加布里埃·香奈儿的父亲是一个杂货小贩，母亲是一位裁缝，香奈儿是家中 5 个孩子中最年长的小孩。她的母亲因劳累过度死于肺结核，那年她才 12 岁。她的父亲一直责怪孩子们毁了他的一生，于是把她和她的两个妹妹寄养在她们的姑妈家（据说在一座修女院学校里）。香奈儿就像一个孤儿，从此与修女们朝夕相处，学习缝纫。随后，她迎来一段漫长而不可思议的职业跃升之路：她先成为一位女帽设计师，然后开设时装沙龙、店铺，直至创造了一种全新的风格，开创了她所处的时代最重要的高定服装品牌之一。如果细数她经历的各种考验，那么她被抛弃的经历尤为艰难。当现实说你不值得被呵护的时候，你如何感受到被爱，又如何拥有自信呢？

我们应当意识到，虽然自信心不可能完全不存在，但它也并非绝对概念，更不可能涵盖生活的方方面面。你可能像塞雷娜·威廉姆斯一样富有领导魄力，但也可能在组织方面一窍不通。无论如何，这并非重点，最重要的是不要将完美主义理想化，要优先考虑自己的强项和弱点，同时灵活变通，以应对生活中的意外。

人生并非一条静止的长河

自信心会随着人生境遇的变化而变化。生活中偶尔劈头盖脸而来的风暴会打击我们的自信心，削弱我们的意志，阻碍我们的行动，但在人生中的其他时刻，我们也曾意气风发，锐意进取，万事俱备，整装待发。我们要认识到，人生中总会有或大或小的障碍，完美的解决方案是不存在的。再稳固的自信心往往也会受外界因素的影响，并非一成不变。生活中的各种变故：职场中的升迁或失业，家庭内部的纷争，甚至失去挚爱之人，都会直接或间接地影响"自我"的概念，影响我们对得到认可的需求，使我们觉得得到重视抑或是遭到贬低。如果我们认定人生是不断进步的过程，那么就要懂得走出个人的舒适区，学会承担风险。拥有自信并不意味着永远不犯错误，恰恰相反，拥有自信意味着接受错误，并能从中吸取教训。

你应当尽早明白，没有什么是一成不变的。发生在你身上的事情并不能全盘定义你，一切事物都在变化之中，你对即将发生的事情并没有太多控制权……越早明白这些道理，你就越能学会活在当下，找到令自己安身立命的所在，对一切即将发生的事件保持开放态度。

——艾米·波勒，

美国女演员、喜剧演员、编剧

人生中经历的一些事件会影响我们的生活轨迹，使我们变得脆弱、敏感。这些飞来横祸包括婚姻破裂、失去亲人或身患疾病。这类"人生意外"的累积会让我们想放弃，会打击我们的自信心。我们将因此畏首畏尾，害怕重蹈覆辙，害怕再次面对苦难和失败。

离婚：从失落感到创伤感

德国当代剧作家博托·施特劳斯见证道："没有任何一种日常生活中的失败，比如疾病打击、经济损失、职业错误，会像离婚一样在无意识中对人产生如此残酷的冲击。离婚直接触及焦虑根源，又重新唤起焦虑。这是命运鞭打于我们身上的最深的伤害。"下文的故事将向我们揭示离婚这一考验会在何种程度上影响人的信心。

爱丽丝是一个非常漂亮的50多岁的女性。她笑容盈盈，充满活力，蓝色的大眼睛水灵有神，看起来坦率自信，对他人富有同情心。她是一位自信的女性吗？

现在我是自信的，但并非一直如此。二十多年前，我离婚了。离婚前我曾是一个自信心相对较强的人。刚结婚时，我将婚姻视为非常重要的人生里程碑，在生下两个小男孩后，我的全职工作变成了一道夫妻感情生活中挥之不去的阴影。由于丈夫的职业，我不得不告别在广告业的工作，变成一名自由职业者，我当时以为这只是暂时的安排。渐渐地，我发现只做一位母亲或家庭主妇，并不能令我心满意足，我开始失去自信，之后的婚姻破裂更强化了我对自己的怀疑。离婚这一白纸黑字的事实就像晴天霹雳，彻底摧毁了我。我感觉自己失去了根基，生活摇摇欲坠。我对自己的智识有信心，清楚自己的能力，也满意自己的外貌，但在其他方面，我体验到的尽是失败和羞愧。虽然后来我的一些朋友也离了婚，但我是所有人中第一个离婚的，而且离婚时还很年轻。我当时觉得这段经历实在令我难以承受。

爱丽丝思路清晰地讲述了与众不同的离婚经历是如何使她产生羞耻感的，以及这种羞耻感如何削弱了她的自信心。

近一年，我仿佛得了抑郁症。所有的生活习惯都乱了套，我对自己毫无信心。我无法想象自己孤身一人去赴朋友的晚宴，它完全在我能力范围之外。离婚者的身份让我觉得自己糟糕透了。我因自己的单身状态感到羞愧：我和别人完全不同，我的朋友们都结婚了，孩子同学的妈妈也都还在婚姻中，而我已经35岁了，这不应该是独身的年龄。

有的人会问我："你的工作是什么？"这个问题总让我无言以对。各种标签也令我越来越痛苦：离婚女性，带着两个孩子，没有工作，没有未来。被社交圈拒之门外的感觉让我觉得雪上加霜，于是我下定决心离开巴黎，到巴塞罗那定居。我想，在那片新的天空下我将重整旗鼓，展翅翱翔，书写人生崭新的篇章。我童年中有一段时间是和相爱的父母在西班牙度过的，我能说流利的西班牙语。

如果说一个人可能丧失自信，那么经过心理工作和改变生活方式，她同样能够重拾自信。离婚就像结束一场丧事，只是此处需要哀悼、告别的是一段逝去的关系。爱丽丝继续讲述道。

离婚给我带来了巨大的心灵创伤。因为我一直对人类的痛苦根源这一问题感兴趣，于是我决定重返校园，攻读心理学，以理解自己当时的处境。那时，我想开设为情侣做情感疏导的工作坊。心理学的知识使我受益无穷。我有需要愈合的伤口，而这些知识正好给了我许多自信，并引领我走出困境。它们也给我指明了职业方向，使我找到一份为之心潮澎湃的工作……我相信工作能让人在社会中找到存在的意义。逐渐地，我摆脱了这种失败感和羞愧感。

现在我明白了离婚的复杂性和它带来的创伤。我很少谈论离婚，但这确实是一段会对人的自信心和自尊心带来重大打击的创伤性经历，婚姻的破裂使人觉得被拒绝，被抛弃。离婚仿佛既是一段关系的终结，也是梦想生活的终结。为了重建信心，我们需要肯定自己已经取得的成就，肯定自己为了渡过难关所付出的努力。不要画地为牢，要毫不犹豫地、主动地寻求他人的帮助，与他人共进晚餐、结交新朋友、做运动、感受心灵和身体的联结。这样一来，我们会感到自己的身体更强壮，别忘了，我们体内有内啡肽、血清素、多巴胺以及各种能带来幸福感的维生素。在这之后，要塑造新的价值观。并非全盘否定旧有的价值观，而是认清真正重要的东西，然后以此为基础，重新塑造自己。生活是由沿途的经历构成的，我们必须在行动中感受它。我开始慢跑，成了一位心理医生。我和前夫在照顾孩子方面达成了和谐的分工，这也使我们在离婚后也能保持良好、健康的关系。

对曾经的另一半不再重要于某些人来说就像经历某种

精神性死亡，爱丽丝就是这些人中的一员。尽管她自信，但离婚非但没有让她感到解脱，反倒使她沉重地体验到这种分离的不可逆性。即使尝试以乐观的心态来看待离婚，但这种分离仍象征了一种终结感。对方的眼神变了，变得无动于衷，这让另一方感到强烈的失落和孤独，觉得自己仿佛变成了隐形人。在某些时刻，被分离者的心中会涌起许多困惑和谜团，对自我的评价变低，并难以掌控情绪。总而言之，爱丽丝对自我的定义成了"离过婚的女性"。

"年纪轻轻就离婚了""已经年老色衰了""与社会脱轨且形影单只""没有成功的希望""做什么都没成效"……未能成为主流群体的一部分女性常会出现自信匮乏的心理。有彼此相爱的父母作为典范是爱丽丝汲取力量和信心、重塑自我的关键。她将相信自己是值得被爱惜的。一旦与分离的对象保持合适的地理距离和情感距离，爱丽丝就能与自己的欲望重新建立联结，重新制定愿望，重新定义自己，让自己不受他人眼光的牵制。她将清醒地意识到，曾经如此深爱的人并不是生命的全部。变得更加成熟后，她就能够开始重建对他人、对生活、对自己的信心了。

正如爱丽丝需要时间和勇气重建自信，对于其他女性来说，离婚同样可以成为培养自信的机会。她们在尝试过种种疗愈的方法后，将意识到自己有能力走出困境，自食其力地生活，而这将给她们带来无与伦比的自由和快乐。

丧亲之痛

失去一位至亲之人，特别是当这个消息突如其来的时候，人的自信心会受到严重的影响。这也常是一种令人崩溃的经历。脸书的执行董事谢丽尔·桑德伯格曾过着理想的生活。

她有一位相爱的丈夫和两个孩子。她的畅销书《向前一步：女性、工作及领导意志》[①]展示了职业成功的典范。47岁时，她突然收到丈夫猝死的噩耗。这一事故对她造成巨大的打击，使她顿时失去了自信。[②]心理学家亚当·格兰特回忆道："她当时不停感到抱歉的倾向是遭受丧亲之痛后产生的令人意外的后果——桑德伯格完全失去了自信。"谢丽尔·桑德伯格说："哀痛对我的生活造成了全方位的打击。我觉得自己再也无法成为一个尽职的伙伴，我也无法集中注意在工作上……这段经历让我回想起某一天，我在小区里走着，一栋建成许多年的房子突然在几分钟内倒塌了，砰的一声，化作废墟。"[③]

① Jean-Claude Lattès, 2013.

② Sandberg S. et Grant A., *Option B: Surmonter l'adversité, être résilient, retrouver l'aptitude au bonheur*, Michel Lafon, 2017.

③ " Sheryl Sandberg's new mission : help people through grief and adversity ", *Time*, 24 avril 2017.

丈夫去世一个月后，她在脸书上发了一篇长文，表达自己的悲痛，讲述自己如何应对这个悲剧以及身边人的反应。这篇长文得到近 65 万个点赞，4.5 万条评论，27.5 万次分享。她对这段悲痛过往的陈述非但没有变成被冷落的话题，反而填补了话语空间的空白。桑德伯格因此意识到有许多女性同样面临她遭遇的困境，于是她便与亚当·格兰特合著了《另一种选择：面对逆境，培养复原力，重拾快乐》[①] 一书。她在书中分享了她的悲痛经历和复原方法。这本书既是对悲伤的抒发，也是对生命的歌颂。

她的经历表明，团结一致的努力和写作有助于重建自信。

病痛

疾病同样会影响我们的自信心。外形的改变和对身体失去控制都会对自尊心产生打击。但我们与疾病之间的关系和战胜疾病的经历将重建并增强我们的信心。这就是 42 岁的、坚韧而开朗的亨莉叶特给我们带来的故事。

我的父母性格都很要强。在我父亲成长的环境里，男孩子可以出去玩，但女孩子只能待在家里。我的哥哥可以自由出入家门，我却受到各种各样的行动约束。我的母亲

---

① Michel Lafon, 2017.

很小心翼翼地保护着我，但这种照顾并没有疼爱的成分，她从不拥抱我。我和她很亲近，凡事都向她倾诉，但她总是暴躁易怒。我目睹着父母之间一刻不停地争吵。我一直对父亲心怀恐惧，不仅因为他强势的性格，还因为他彪悍的外形。小时候，在学校里，老师们都不太喜欢我，他们觉得我太拘谨，太害羞。总之，童年时期的我不是在学习，就是在厨房里烘焙蛋糕，因为那是女性该做的事情。

我的母亲觉得不应该表扬孩子们。她从未对我说过"你真美"，也从未说过"你很聪明"之类的话。但我多么希望能得到她的赞许，哪怕这些赞许不一定真实。在家里，我被要求要谦虚，千万不要出风头，这些规训导致我一直以来只想躲在人群中，和他人隔绝开来。我对异性也没什么概念，交了第一个男友后我们之间什么也没发生，因为我不知道如何处理这些话题。即使在大学校园里，我仍感到特别孤独，大概就是这个原因，我一直都名列前茅。反正我无事可做，还被禁足在家。好成绩给我带来一些自信，也帮助我找到了继续学习的志向和动力。

从小到大，家庭对亨莉叶特的规训使她形影单只。这种最初的边缘化的感觉开始侵蚀她，并渐渐导致她与外界隔绝。但后来，亨莉叶特在与外界的互动中获取了一些自信，自此她开始展翅高飞。

23 岁那年，我挣脱了父母的束缚，成为一名英语老师。在工作中，我得到了学生和校长的赞许。这真是命运的启示性时刻！我也认识了演员马修，与他的相识给我带来了自信，拥有一个非常帅气的男朋友更是让我受宠若惊。几年后，在我 28 岁时，我遇到了道格拉斯并与他坠入爱河，然后我们就结婚了。当时我们都很年轻，也很爱彼此，但我们的关系很快就风雨飘摇了——我觉得他看不起我。于是我辞去了当时令我心满意足的工作，因为他的事业比我的更重要。离开了枫丹白露后，我们又在巴黎聚首。由于每日令人疲惫不堪的通勤，我做了许多尝试都无法怀孕——要知道当时我所有的朋友都成功怀孕了。我觉得自己糟糕透了，但也庆幸道格拉斯对此没有怨言。我接受了各种治疗，但都没有成功。后来我在巴黎找到了一份工作，然后我喜出望外地发现自己怀孕了！生下孩子后，第二胎随之来到，我们俩都欣喜若狂。当时，公司想把道格拉斯派遣到英国。这个消息让我一点儿也高兴不起来，但经过一年来来回回的折腾，我决定和他共赴伦敦。刚到伦敦后，我就怀了第三胎。但这个小女儿生来带有罕见病，这让我心里产生了强烈的负罪感。我又失去了对自己的所有信心。

从亨莉叶特的这段叙述中，我们不难发现她的自信水平随着妻子这一角色的经历而起伏，这种扭曲的镜像使她难以公正地评价自己。她内心的脆弱是显而易见的。成长过程中不断经受的批评使她失去了自信，更让自我怀疑的情绪在她心中滋生，这种情绪矮化着她的自我形象。尤其在产下患有罕见病的小女儿之后，与其他母亲不同的现实再次强化了她对自己的消极评价。她对此耿耿于怀，并因此自我谴责。

慢慢地，我在营养学中找到了志趣所在。经过钻研和摸索，我开办了私人诊所。一切都非常顺利！我重新找回了自信。不幸的是，道格拉斯无法忍受我的成功。他与我越来越疏离，越来越轻视我，我可以看出他心中有许多不悦。在一次体检中，我被查出患有乳腺癌。这个消息令我大惊失色，我惊慌失措地一路痛哭着回家了。我害怕自己不得不割除乳房，更害怕自己失去女人味。但我的丈夫对这个噩耗无动于衷，他并不理解我的焦虑，而且觉得我的担忧毫无必要。随后我进行了手术，幸运的是我不必切除乳房，但放疗手术给我留下了斑驳的伤痕。无论如何，我还是为自己战胜了乳腺癌感到自豪。三个月后，我被确诊为结肠癌。我为此崩溃地大哭。当我告诉丈夫我患病的消息时，他对我说的唯一一句话是："你就是个残次品！我不希望有瑕疵品出现在我的家里！"然后他把我逐出门外。

与他人的比较，从消极意义上来说，总会影响我们对自我价值的评估。但不管怎样，亨莉叶特总能不断进步，最终取得成功。

当亨莉叶特生病时，她感觉自己的身体背叛了她。事实上，身体对我们的自信有着至关重要的影响。感觉体力充沛时，我们便对世界充满雄心壮志；感觉体质孱弱时，我们的信心便随之衰减。在众多疾病中，乳腺癌尤其被视为女性气质形象的威胁。失去女性特质的风险会使女性感到焦虑，有时甚至会演变成抑郁症。但亨莉叶特正是在人生的风暴眼中建立了无坚不摧的自信堡垒。她学会了开口表达自己的需求，也获得了倾听和关注。她已经从自我批判走向了自我接纳。可以说，这次人生考验，让她看到了自己真实的力量和女性之美。

有个朋友很快就帮我找了间公寓，这给了我莫大的宽慰。远离道格拉斯，和孩子们一起生活，也给我的心灵带来了安宁。我的原生家庭被我的疾病搞得天翻地覆：父母觉得我需要他们的陪伴和照顾，于是便来到我身边支持我。曾经由于他们的腼腆而横亘在我们之间的距离瞬时荡然无存。父亲每天都会和我交谈，这让我大吃一惊，我第一次感受到自己得到如此珍视。我渐渐明白，他一直在用自己独特的方式爱着我，就像母亲对我的关爱一样。我瘦了很多，睫毛、眉毛、头发都掉了，但朋友们一直陪伴在我身边。我的一个朋友刚结婚，她却在百忙之中抽空开车接送我去医院。癌症的考验漫长无比，我要接受 15 个疗程的化疗，但我相信只要一步一个脚印走，就一定能到达终点。对自己的外形失去自信是很正常的，但在我的头发长出来时，母亲会陪我去理发店修剪头发；我们还一起买了化妆品、精美的鞋子和可以遮住各处伤疤的漂亮泳衣。为了保持自信，我对许多人闭口不谈我的病情，因为大多数人听到后都局促得不知该如何回应。我尽量让自己对生活保持平常心，否则会觉得自己太格格不入了。从此之后，这段和病魔抗争的经历转化成我的一股力量，更成为我现在自信心的根基。因为我战胜了病魔，坚强地存活下来了——不仅战胜了癌症，更"战胜"了道格拉斯的暴力虐待。现在我的病情得到了缓解，我的事业也在蓬勃发展。我学会了控制自己对疾病复发的恐惧，因为恐惧毫无用处。我现在觉得自己所向披靡。这场考验让我更加了解自己，发现了自己的声音，找到了自己的力量，并有能力将这种力量传递给别人。我学会了接受自己，不管是胖是瘦，而无论我怎样，忠实的朋友总会相伴在我身边。我也重新找回了自信。我明白了，吸引他人的不是华服靓裳，而是充沛的精力和幽默感。我最好的朋友威廉从始至终支持着我，他不断告诉我，我是个不平凡的人。我最终也相信了自己的确是个不平凡的人。

生活中发生的各种事件会影响我们的自信心，一些变故更会让我们备受考验。而令人惊讶的是，亨莉叶特在经历了两次癌症和一次分居之后，因祸得福，建立了强大的自信心。

除了生活的重大考验，逆境也会潜移默化地影响我们，尤其是逆境会传达给女性迷惑性信息，增添她们的负罪感，导致她们心绪不宁。

各种自相矛盾的规训又来了

你要有个人特色，但也要懂得把自己套进一个现成的模板里。要循规蹈矩，但同时要保持本真。好好修饰自己的外形，但不能被当成性感花瓶。要懂得"勾引"异性，但记得保持低调。不要自我审查，也不要屈服顺从。别当个荡妇，但要像女演员一样善于做戏，演绎妩媚百态。要懂得幽默，但不能沦为小丑。记得化妆，但可别把脸涂成画板。懂得保持柔软的身段，但要足够成熟老练。自然才是最美的，但同时要魅力四射。要展示朝气蓬勃的一面，但不能跨越界限。做成熟的女性，但要永葆年轻。要瘦，但也要有胸。要精通厨艺，也要时刻节食。要懂得享受生活，但要知道饥肠辘辘才能保持好身材。要有个性——咳，也不能太有个性。你太歇斯底里了，居然不想不惜一切代价组建家庭？还是有个归宿才好……一周工作 40 小时，也要记得准备有机自制家庭餐。做个好母亲，但也不要失去自我；失去自我是不好的，做个坏母亲也是不好的。每天做 20 分钟瑜伽即可，但一定要保持好身材。别白日做梦，世界可没给你留下多少改造空间……[①]

耻辱的重负

我们不应忽视日常生活中不合时宜、尖锐刻薄的说辞和打击女性自信心的言论，它们经常都在不经意间被放过了。女性往往在人生的转折点上被各种期待压弯了腰，并要因个人的态度或生活的选择遭受消极的评判，这会导致她们曾经付出的努力付之东流。

28 岁的艾洛蒂是一名软件开发人员。她在一次和丈夫的争执后难以平复情绪，几乎要失去对自己的所有信心。

儿子出生 3 个月后，我想重新投身职场。丈夫急了，说："他现在还这么小，我们把他带到这个世界上，可不是要马上撒手把他给保姆来养！"我顺从地点头默许，辞去工作，将全身心投入养育孩子的工作中。6 个月后，丈夫来了个 180° 大转弯："你应该去找份工作，有个全职主妇

---

① Hollings C., *Fuck les régimes*, Payot, 2016.

作妻子让人糟心！你现在就只是个母亲，毫无性感韵味。"我气愤地回嘴："我亲爱的，你知道什么是最性感的吗？轮流照顾儿子就是最性感的！如果你再用这种语气和我讲话，我们就平摊照顾孩子的义务吧！"这番话让他无言以对。半年后，我终于找到了一份工作，当然，这是因为我自己想重返职场！如果再这样下去，我会被逼疯！

　　女性处于各种矛盾信息的夹击下，因此她们感到自尊心减弱、自信水平不断波动，也就不足为奇了。体育界就常执行双重标准。女运动员的道德失误很难得到大众原谅，更不会被理解，她们在丑闻风波中几乎不可能翻身。

　　看看出轨风波后泰格·伍兹的凯旋。试想，如果一名女运动员出轨了，她会不会得到同样的宽容呢？

　　在为数不多的受到大众热捧的女性运动员中，赞助商和粉丝们都希望她们时刻保持完美形象或者至少保持低调风格。她们的私人道德行为深刻影响着人们对其职业的看法。举其中一例：曾七次在美国全国大学体育协会（NCAA）①组织的比赛中获得冠军的苏西·汉密尔顿②在爆出应召女丑闻后深陷泥潭。毋庸置疑的是，女性运动员完

---

① 全称是 National Collegiate Athletic Association, 指美国管理大学体育运动的组织。
② 美国中长跑女子运动员，曾三次参加奥运会。

全不能像男性运动员那样在犯错后获得赦免。[1]

即使苏西·汉密尔顿自称在与躁郁症抗争，但她仍未得到大众的谅解。

孕产和信心波动

女性缺乏自信的原因之一是常怀有内疚感。这种感受尤其会在某些特殊的人生境况中令人窒息，比如当一位女性成为母亲的时候。

内疚感的危害

对抗内疚感这种有害的心理感受的最佳建议是什么？法国雇主协会的主席之一，爱美乐·卡尔米纳提为女性领导者提出的建议是："女性同胞们，放下你们作为母亲的罪恶感。没有任何一位男性到达办公室的时候会想：'孩子们吃饱了吗？晚上 8 点半之前，他们会上床睡觉吗？如果我回家晚了，他们会不会生气？'"[2]

这番话很悦耳，没有差错。但对于职业女性来说，她

---

[1] " Why Don't Women Get Comebacks Like Tiger Woods " (Pourquoi les femmes ne font pas de come-back comme Tiger Woods), *New York Times*, 20 avril 2019.

[2] Propos rapportés par Audrey Barbier-Litvak, directrice de la filiale France et Europe du Sud de WeWork, le géant américain du coworking, *Marie-Claire*, septembre 2019.

们往往缺乏自信，不反思自己的想法，更难以与内心的愧疚感抗争。

今年 27 岁的珊缇过着幸福的生活。她的丈夫勤奋上进，两个孩子可爱无双。但每天清晨上班前，当把孩子们留给自己的母亲照顾时，她感到自己的信心瞬间蒸发了。

她说："周末我们一家四口聚在一起时，我们会一起做很多事情：散步、画画、烹饪。但我是个保姆，周一到周五我要照顾另外两个小姑娘，她们都可爱极了，我也一直很喜欢孩子。然而，每个周一的早晨，当我醒来时，无数的自我质疑在我心头盘旋，令我感到万分愧疚。我想，在工作日丢下自己的孩子，去照顾别人的孩子，这样做对吗？我的孩子们以后会不会责备我？幸好我的丈夫常常安慰我，让我能重拾信心。我想，不管一位母亲从事什么职业，她都会对孩子有愧疚感。这是所有母亲的天性。"

琪亚拉·法拉格尼是一位意大利博主和造型师，也是当今最富影响力的网络红人之一。[①] 她在社交平台上有 1750 万粉丝，她不仅经营着个人品牌，还是其他品牌的形象大使，常常参加电视节目。她的生活被各种高端旅行安排得满满当当：时装周、上流社会的晚宴、各种美轮美奂

---

① Forbes Top Influencers, 2019.

的景点……她现在是一个妻子，还是一个小男孩的母亲。6月3日，在从洛杉矶到罗马旅行的旅途中，她在社交账号上写下这样一段话，这与她在社交网络上无所不能的形象形成了鲜明的对比。

"回首过去的几年，我取得的成就使我欣喜若狂、无比自豪……确实，这一切都远远超出了我的想象。在职业生涯之初，我做梦都想不到自己能走到今天这步，这使我的内心充满了快乐。但工作经常使我无法和家人团聚。仍有那么一些时刻，我觉得自己既不是最好的妈妈，也不是最好的妻子。我一直知道自己永远不会想当家庭主妇（这是世界上最难的工作），更不想放弃给我带来如此强烈的满足感的工作。我们都经历过剧烈的心情波动和各种不顺利的时刻，我想提醒自己，也想提醒你们：对自己温柔一点儿，记得你是一个绝不平凡的存在。让我们原谅自己一路走来犯的错误！"

年轻母亲的矛盾心理

我们身处一个关键的时代：每个性别的角色正被重新定义。然而，即使在今天，有些女性仍然坚持关于母职的陈旧观念，她们认为教育孩子的责任都落在母亲的肩上。面对这样的偏见，我们如何才能进步、获得信心呢？

30 岁的阿奈难以和丈夫分担照顾孩子的任务，而且她很难意识到这是个问题。

"我是一名自由撰稿人，能在家办公是我的幸运。我两岁的女儿莎莎无法忍受和我分离片刻。每次我要出门赴约的时候，她都会在接下来的几小时内尖叫哭闹，但我丈夫离家对她毫无影响。我不知道该怎么处理这个问题。邻居们开始对我充满怨言，这让我每时每刻都感到无比内疚。但同时，我享受和女儿亲密无间、形影不离的关系。"

经过讨论，我们意识到阿奈想全盘掌管与女儿有关的一切。阿奈是唯一一个给女儿洗澡、喂她吃饭、给她读睡前故事、经常陪她散步的人。她不愿意让丈夫参与其中，于是丈夫也就渐渐卸下了照顾孩子的任务。在这种情况下，她怎么能指望莎莎可以忍受和她的分离呢？把女儿交给丈夫或保姆照顾会使阿奈感到内疚，但她并没有扪心自问这种做法是否合理。对她来说，照顾小孩是母亲天经地义的责任。

父亲的角色

埃丝特·佩瑞尔是一位讲师、作家，也是业界声名卓著的伴侣心理治疗师。她的著作《亲密陷阱：爱、欲望与平衡艺术》①及《危险关系：爱、背叛与修复之路》②尤其畅销。她的名句是什么？人际关系的好坏决定了我们的生活质量。对她来说，如果说 20 世纪促使女性反思自己的处境，那么 21 世纪将由男性来反思和适应这一新世纪。因此，她认为，现代男性的职责不仅在于落实纪律，也不仅在于养家糊口。

性别角色应得到重新定义：男性也可以是感情充沛的主体。这个新定义尤其让一些女性感到不安——虽然她们无法在家庭外的公领域中发号施令，但在家庭私领域中，她们一直以为自己是第一家长和第一专家。如今，女性对家庭外的公领域中的权力掌握提出诉求，却不愿意放弃家庭私领域中的权力。她们希望自己的丈夫能展露更脆弱的一面，但也不能太过脆弱。因为，如果丈夫们真的害怕自己会承受不住，如果他们真的开始流眼泪，那她们会害怕家里的顶梁柱真的会倒下。而且，如果他们倒下了，她们会觉得丈夫变成了孩子，但她们已经有孩子要照顾了！③

将家长的责任让位给丈夫是平衡家庭的一种方式。当他们照顾孩子的时候，女性不应有负罪感，而要享受属于自己的时光。

---

① Pocket, 2013.

② Robert Laffont, 2018.

③ *Le Figaro Madame*, 19 septembre 2019.

内疚感会使个体的自信水平不稳定，角色的重新分配也会使人感到权力丧失。当我们开始进行自我反思，思考自己衷心希望实现的愿景以及如何凭借意志力战胜失败时，很多灰色地带将不复存在。从这个意义上说，认识自我是一个动态的过程，也是一个探索未知、激发潜能的过程。没有什么是静止不变的，意识到这一点将为我们带来希望。

女性不仅体会着自信心在各种人生境遇中的波动，还花费大量时间进行自我盘查，从而避免向他人寻求帮助。记者艾琳·多尔蒂在《ELLE》①杂志上的一篇社论中总结道："哪个女性不曾在内心进行大段心酸的独白，因他人的眼光患得患失，时刻在乎对方的所思所想？她们常就此陷入各种臆想中。我并不想对性别进行污名化，但往往正是女性会在会议后反思道，'我今天早上的发言难道不是空洞的长篇大论吗'……"

年岁增加，自信增加

当女性充满自信，清醒地知道自己想要什么以及不想要什么时，她们就能重燃对自由的渴望。也许这就是近 40 年来，共度了 35 年以上的伴侣离婚率增加 9 倍的原因。也是近 10 年以来，60 岁以上的伴侣分居人数翻了一番的原

---

① 25 juillet 2019.

因。2015年，法国60岁及以上的男女离婚人数为24315人，而10年前这一数字为15000多人。在60%的情况下，是女方主动提出分居的。[1]

根据《心理学通报》[2]上发表的一项研究，60岁的群体处于自信的高峰。已经完成养育孩子的义务，有配偶的陪伴，对自己有良好的认识……这些都是让这个群体感到安心和自信的理由。特别是在60岁后，人们开始感觉"是时候了！"即是时候不再在意他人的眼光了。他们在生活中汲取了足够多的经验教训，可以开始充分享受生活了。此外，他们对物品价值的敏锐判断使其能够进行更明智的购物选择，有更多的时间用来进行阅读。岁月的流逝更使他们明白了时间的珍贵。随60岁一同到来的是必须得到充分利用的10年，因为同一研究报告显示，人一到70岁，自信会开始下降；70岁后的20年，自信下降的情况会更严重……

图4-1展示了一个惊人的现象：女性的自信心会随着时间的推移而增强，而男性则相反。

① INED, 2016.

② Orth U., Erol R. Y. et Luciano E. C., "Development of self- esteem from age 4 to 94 years : A meta-analysis of longitudinal stu-dies", *Psychological Bulletin*, 144(10), 2018, p. 1045-1080.

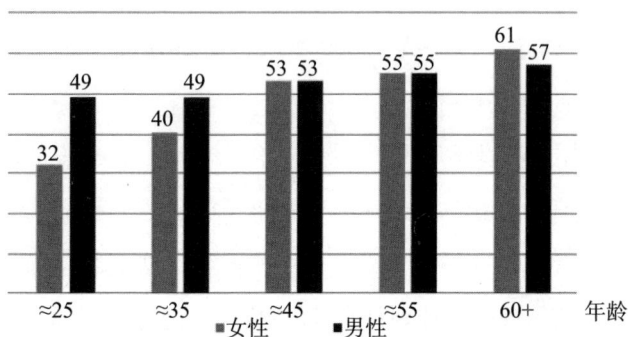

图 4-1　性别与年龄对自信水平的影响[1]

　　总而言之，年龄的增长将给人带来更多的自由。但不要以为在时间的流逝中智慧会从天而降，要意识到自己的价值，昂首挺胸！2009 年俄亥俄州大学的一项研究表明，像良好、挺拔的站姿这样简单的事情，都会对人的思想和自信水平产生明显的影响。除了站直腰板，我还想给你提如下几个建议。

应对信心波动的 6 个实用技巧

（1）从简单的挑战开始，比如做运动。运动就像一个崭新的开端，它将给你带来满足感，助你树立更积极的自我形象。

---

[1] Zenger J. et Folkman J., article cité.

（2）盘点自己的技能和才干，重新自我定位，重塑内心的安全感。

（3）如果你正经历离婚的考验，看看休·威尔逊执导的经典电影《前妻俱乐部》吧。

（4）和朋友或友善的人们共度时光。

（5）推荐阅读谢丽尔·桑德伯格的《另一种选择：面对逆境，培养复原力，重拾快乐》一书。

（6）在墙上贴上励志名言："塞翁失马，焉知非福！""阳光总在风雨后！"

第五章

他人的眼光，自我的眼光

无须自我厌弃，无须出色夺目，

无须成为其他人，只需做自己。

弗吉尼亚·伍尔芙

在某些文化中，他人的目光被抬上了至高无上的地位。日本文化便是如此，这一文化宣扬个人荣辱是社会生活密不可分的一部分。于是，日本每年都有 10 万人"人间蒸发"，他们以主动的"消失"来逃避某种耻感或难以启齿的羞愧，比如离婚、破产等。法国记者蕾娜·莫吉和摄影师史蒂夫·勒马在他们合著的《人间蒸发》[①]一书中探讨了这种令人毛骨悚然的现象。

人们认为"蒸发者"逃避社会的行为是由他们犯的错误导致的。对日本人来说，失败是不能被社会接受的。失败意味着个人既没有履行自己的使命，也没扮演好自己的社会角色。

在西方社会中，"耻文化"的概念并不具有那么大的影响力。然而，它也可能以一种伤害性的形式出现，使我们

---

① Les Arènes, 2014.

变得脆弱，使我们容易被他人的眼光左右，受到他人的审判和谴责。

女性更是深受其害。社会的眼光决定着她们的发展轨迹，影响着她们的方向选择。社会的眼光也通过压抑她们的选择达到限制她们自由的目的。社会的评判更塑造着她们的自信。

耻辱

在他人的眼光中，我们既可能感到意气风发，也可能感到黯淡失色。而往往区区一瞥，便能对我们产生极大的心灵冲击。这种评判就像无形的重压，将被评判者压得喘不过气。卡罗琳面临的情况充分证明了他人眼光的可畏。

5年前，在某家大型化妆品公司担任领导者的33岁的卡罗琳被辞退了。其实解雇的补偿可观，她也知道自己再找一份新工作并不难。下面是她的陈述。

我知道自己有学术文凭、有职场经验、有人际关系，但我就是无法摆脱失败感和羞愧感，仿佛自己受了某种审判。这种在众目睽睽之下感受到的失败感似乎比失败本身更可怕——即使这甚至不能算是失败。工作正是这样决定了我对自己的定义，被解雇也直接影响了我和男友之间的情感关系。

　　我和巴普蒂斯特同居 3 年了。他是一家著名剧院的导演，女友突然间变成了失业人群中的一员，这让他感到很不光彩。

　　当时我们一起去一个好友家吃饭，我能明显感觉到巴普蒂斯特的尴尬。当我提起自己的失业状况时，他就会努力转移话题。我马上意识到很不对劲儿。聚餐结束后我和他进行了一番长谈，我才发现他喜欢的是我的社会形象，而非我本人。

　　第二天我就收拾行李决定离开他。我在酒店住了一个星期，每天以泪洗面。这段关系的破裂确实让我的自信心受到了打击，但那只是一时的。随后我租了朋友的房子，安顿下来。当时我既悲痛又愤懑，没有回复巴普蒂斯特铺天盖地的短信中的任何一条。

　　3 个月后，我在另一个公司找到了一份薪酬更高、待遇更好的工作；半年后，我遇到了一生挚爱。多年后，在巴黎的一个派对上我又碰到了前男友巴普蒂斯特，当时我正怀着身孕，和爱人相伴而行，而他独身一人。我回想起自己当年的失业经历，由衷地为它给我的生活带来的变化感到高兴，尽管当时的我除了羞愧和悲伤什么也感觉不到。

　　让卡罗琳痛苦的不是解雇事件本身，而是她对自己在别人眼中的形象的猜测和想象，这才是真正令她痛苦不堪的原因。他人的眼光恒久地锁定着我们，让我们难以逃脱。

谈到萨特存在主义的哲学思想对这一问题的阐释，德意珍教授是这样解释的："我有可能发现自己是客体存在，而另一个人是主体存在；如果我是客体，那么我的作为就会受制于另一个主体，后者可以界定和限制我，在这种情况下，我将没有任何自由。若我失去了自由，那么我和其他人会成为互相限制的竞争对手，被彼此视为客体。"[①]

深刻的羞耻感往往来源于不想使对方失望的想法，这种羞耻感会导致个体对自己施加更多限制性观念，比如以下这些：

- 害怕真实的自我不被人欣赏；
- 害怕受欺辱；
- 害怕被拒绝。

认为自己可能会一败涂地、出尽洋相的担忧，最终会导致行动上的无力感。在这种情况下，跳出个人的舒适区，投身未知领域将被视为难以逾越的高峰。对卡罗琳来说，她的羞耻感与特定的事件和特定的人有关，虽然它们动摇了她的信心，但并未击败她。她对自己有足够的信心，不

---

① Van Deurzen E. et Kenward R., *Dictionary of Existential Psychotherapy and Counselling*, Sage Publications Ltd, 2005.

至于被外界的打击牵制。

不被爱和被拒绝的感觉会使个体产生被异化的、消极的自我认识，但卡罗琳内在的强大力量使她渡过了难关。她明白自己不应受前男友巴普蒂斯特眼光的定义，为此她必须做到足够"自恋"。

局限于某些角色

在南希·迈耶斯执导的电影《恋爱假期》中，卡梅隆·迪亚茨饰演的阿曼达和裘德·洛饰演的格雷厄姆邂逅了彼此，他们在对话中开始谈论自己的职业。阿曼达先说她在一家制作电影预告片的公司工作，但当格雷厄姆谈起他的出版商工作以及他那知名的出版商母亲时，阿曼达才承认她是公司的总裁。她之所以敢如此坦言，是因为她意识到格雷厄姆并不惧怕强大的、有野心的女性……不难发现，他人的眼光是一种强大的抑制因素，会使人丢失从容坦率的心态。当女性失去工作、丧失社会存在属性时，回应她的是长久的沉默；当她有一份声名显赫的工作，处于领导者的社会存在地位时，回应她的仍旧是长久的沉默。在这样的社会游戏中，女性如何找到自己的定位呢？女性总被要求摆正个人定位。

一旦女性使用所谓"男性化"的表达方式，他们就会受到审视，甚至被认为是僭越了权威。以公开演讲为例，当男性想要夺得满堂喝彩时，幽默的说辞是非常有效的工具。但是，如果女性同样用幽默的口吻发表公共演说，那么她就会被认定为缺乏公信力。这是记者克拉克·皮里塔基于包括乔纳森·埃文斯在内的亚利桑那大学的学者们做的一项学术研究得到的结论。①

虽然男性的幽默常常卓有成效，但女性的幽默似乎并不被大众所接受。女性有什么可以"冒险"的空间呢？可能性并不大。虽然另一项研究发现，女性领导者同样可以通过幽默增强领导魅力，但那是10多年前新西兰研究者做的调查。

所以，使用幽默的公共场合是预留给男性的，他们可以在这类场合插科打诨，或是逗趣大笑。专注于研究儿童和青少年的临床心理学家劳伦斯·古腾玛切②也从她的研究角度证实了这一点。

在幼儿园的操场上，我们总会看到成群结队的小孩，他们都活泼好动，生机勃勃。但人们对他们的期待是不同的。我们常期待小女孩是温柔、乖巧且完美得体的，我们对男孩子们的期待往往更宽容。小女孩可能有能力不辜负

---

① *Financial Times*, 26 avril 2019.

② 劳伦斯·古腾玛切曾是巴黎公立医院助理随员，曾任巴黎萨伯特慈善医院管理学院教授。

这些期望，但无论如何我们都应当对她们更宽容。我们应该接受一个小女孩也会有唐突的时刻，也会有兴奋好动的时刻，而在此处，这种兴奋不应被形容为歇斯底里。当然存在歇斯底里的人，但这一表达常常在讨论某种病状的情况下使用，而非用于形容操场上嬉闹的小孩们。遗憾的是，人们对不同性别的不同期待从幼儿期的教育就开始了。

双重歧视

　　爱伊莎·玛依卡是法国著名的女演员，我们可以在米歇尔·贡德里执导的《泡沫人生》、吕西安·让－巴蒂斯特执导的《明亮的眼睛》中欣赏到她的精彩演出。虽然法国是一个多种族交融的国家，但其娱乐圈仍是以欧洲裔为主流，电影或电视中其他族裔的荧幕呈现并不多，更不用说剧院舞台上的演员了。2018 年 5 月，爱伊莎写了一篇文章，和另外 15 位女演员共同倾诉了她们的亲身经历。[1] 我们因此得以了解她们遭受的种族主义歧视性言论、待遇和薪酬差异、刻板印象和各种伤害。当个体受到性别和种族的双重歧视时，她们如何能有自信呢？

---

[1]　Maïga A., Beausson-Diagne N., Gabin M., Gueye M., Haïdara E., Khan R., Martins S., Nga M.-Ph., Pakora S., Richard F., Rolland S., Silberfeld M., Souagnon Sh., Sylla A., Touré K. et Zobda F. , *Noire n'est pas mon métier*, Le Seuil, 2018.

"女性总是受到区别对待。她们被污名化、遭受拒绝、受刻板印象束缚或被直接无视。而身处种族歧视和性别歧视的十字路口，少数族裔女性演员这一具有双重身份的群体完全消失于主流视野中。我们很难得到机会出演荧幕上重要的女性角色。而当我们千辛万苦地争取到一个有分量的角色，以为终于可以摆脱演艺圈的次等身份时，却发现身边又竖起层层高墙。我们在法国电影中的呈现仍然局限于有时'不可或缺'的黑皮肤演员，或是被雇用去扮演一个轶闻性的角色。但黑皮肤并不是我的职业，它不过是我的外形标识之一。"①

"那一年我 21 岁，我搬离了父母的公寓，开始了独立女演员的生活，我对未来充满希望，相信一切皆有可能。当时我已经从戏剧学院毕业多年，毕业时还得到了表演比赛二等奖，我满心欢喜地以为自己将要出演重要角色，终于要成为自己命运的主人了。我想自己将是强大的、自由的。不幸的是，过去 25 年的人生经历使我明白，我首先被注意到是因为我的黑皮肤。"②

---

① Maïga A.
② Beausson-Diagne N.

外形的束缚

法国精神学家、心理治疗师克里斯多夫·安德烈向我们阐释道："外貌是自尊的第一组成要素，许多心理痛苦与对自己外形的不满有关。"[1] 这一点对于女性来说尤其如此。镜子里呈现的身体，不仅是女性拼尽全力想找到存在感的图景，更成为她们自尊心的标准。我们都记得白雪公主的继母对着镜子审问："魔镜魔镜，谁是世界上最美的女人？"魔镜回答道："女王，您是世界上最美的女人。"

从出生到死亡，我们与我们的身体、我们的体态、我们的外形、我们的相貌，以及它们在岁月流逝中的诸多变化与它们带给我们的存在感相呼应，它们共同维系着一段动荡、善变而激情洋溢的关系。构成我们外貌的要素（服装、化妆、造型等）的总和，是我们与他人的第一接触点，对我们留给他人的第一印象有着极其重要的影响。我们如何确保自己留给他人的印象与我们想要揭示和传达的关于自己的东西相吻合？我们的理想自我在家庭教育和文化信息的渗透下、在生活经历和选择的榜样的影响下，塑造了我们想要被记住的形象。从某种意义上说，它体现了我们珍视的价值。

但这种表象也可能欺骗我们身边的人。我们展示的是

---

[1]　*Petits Complexes et Grosses Déprimes* (avec Muzo), Le Seuil, 2003.

一种被制造出来符合规范的归属感，它很可能并非我们真实的自我。当一切都被计算好、安排好后，有多少女性会从中得到掌控感？但脱离这些规范的话，她们又担心受到消极的评判。不得不承认，个体需要极强的自尊心才能坚持做自己。

37 岁的塞莉娅是省立大学的一名英语教师，她被大家评价为一个性格鲜明的女性。而这"鲜明"的色彩切切实实地反映在她的穿着上。

"我经历过一段令我崩溃的抑郁期。当时唯一能让我坚持下去的动力就是去上课。由于我不想让别人猜到我内心的苦楚，我开始穿色彩鲜艳的衣服，比如橘色的裤子搭配紫红色的衬衫，再配上口红。我还买了苹果绿色的眼镜框。我知道学生们在背后叫我'鹦鹉'，但我毫不介意。只要没人叫我'扫把星'，我的一身行头就是有用的。后来，我接受的心理治疗治愈了我的抑郁症。如今，我终于允许自己穿黑色的衣服了，因为我清楚黑色并不能反映出我的心灵处于阴暗中。但我仍然戴着当时苹果绿色的眼镜框。"

瘦身的规训

瘦身无疑是套在女性身上的金箍。每年 3 月初，各大女性杂志就开始鼓吹"在穿上泳装前再瘦 3 千克"，同时配上一张身材姣好、满面春风的女模特的照片。这种做法精妙地传达了令女性立刻感到愧疚的信息：没有完美的身材，禁止穿泳衣！仿佛女性需要足够瘦，而且好像减掉 3 千克就可以拥有展示身材的权利。

而视频网站上那些敦促女性网友们准备"夏日身材""火辣身材""比基尼身材"的博主们不也是依样画葫芦？用英文来表达难道会更让人不虚心？何况这些准备"夏日身材"的敦促大多来自女性，不禁让人怀疑这其中到底有多少利他主义，有多少无情的灌输；有多少真心诚意，有多少市场营销；有多少痴人说梦，有多少刻薄尖酸。

这种"为了美丽而瘦身""为了被爱而瘦身"的千篇一律的文案只会让女性头痛欲裂。其导致的心理后果也不可小觑。美国荣格心理分析师波利·扬–艾森卓指出了其中的危害。

"若想成功，必先瘦身"的观念会导致个人缺乏自信、自我怀疑。女性对身体的强迫性控制不仅不能让她们感到自己更有力量，反而会令她感到羞耻、尴尬、迷茫，引起进食紊乱，引发疾病，甚至导致死亡。为了瘦身后的允诺——个人价值和重要性将得到肯定，我们屈从于专家们的羞辱性建议，他们告诉我们要吃什么，什么时候吃以及如何运动，仿佛我们是没有自主能力的婴孩。[①]

年轻靓丽

从更全面的文化角度来看，我们身处的社会对青春、美貌和外表的迷恋，反映了社会结构中一整套主流价值观，这些价值观对社会结构发挥着极为重要的影响，造成了扭曲的镜映效应。身体被外在的规训持续轰炸着，这些规训向女性灌输完美的标准，诱导她们模仿某种形象，以渗透的方式引导女性产生内疚，以此禁锢她们。

苏茜·奥巴赫是研究女性与身体关系的英国学者。作为心理分析师和心理治疗师，她40年来一直致力于研究身体形象和饮食失调问题，根据她多年的临床经验，她肯定地指出，由于社会对女性身体的规训，女性饮食失调的问题更加严重了。

我觉得最新奇的是，即使是自信的人，也会受这些规训的影响，感觉自己的信心随着身体的变化而被解构。心理学家弗洛伊德说过，身体的问题反映着我们的心理问题。但如今，我觉得在成长过程中，身体不稳定的变化对我们的心理健康造成了很大的影响。

市场营销使女性缺乏自信的问题愈演愈烈？为什么女

[①] *Women and Desire : Beyond Wanting to Be Wanted*, Three Rivers Press, 1999.

性的身体是市场营销的理想目标？

苏茜·奥巴赫的回答是："在人们的观念中，身体是永远可以被塑形和改变的，于是女性就这样成了各类商业营销的猎物，任由商业营销助长她们信心匮乏的现实。与女性外形相关的产业实在是太暴利了。想到致富信息的时候，我们往往会想起钢材加工和化学工业，但其实化妆品产业也是财力极其雄厚的行业。人们往往没有意识到小小一根口红也能致富，但事实上它就是如此高利润！"

市场营销精于分析人性缺点，推出各种"奇迹般的疗法"，令我们眼花缭乱。各类修图软件则紧随其后，帮助人们完成美颜精修的任务。而即使我们产生自己已经足够完美的幻觉，这种幻觉也将转瞬即逝，因为完美的标准日新月异，这种标准的交替更迭只会将我们卷入新的理想标准中。最终，焦虑将持续存在，我们因而相信自己不加修饰的身体是不可接受的。

精神病学家让·克里斯托弗-赛内克认为："市场营销让我们相信，通过控制形象或体重，我们将更爱自己，而这本质上使我们对消费更加上瘾。"[1]他接着解释了这一观点。

---

① Le Figaro.fr, 28 juillet 2017.

我们的身体将成为情绪和存在感焦虑的战场。我们错误地用食物、饮料或香烟来安抚、充实和安慰自己。我们有时会撕扯自己的头发，直到变成秃头；我们会不停地啃咬指甲；我们会揉搓损害自己的肌肤，直到留下疤痕……我们最终相信，通过整容、饮食、运动或文身改变身体形象后，我们会更幸福。但归根结底，这些与自我抗争的行为都是囚禁自我的牢笼，会使我们的生活变得更贫瘠。

完美外形的"暴政"

由于不断面临外形方面的评头论足，女性最终任由自己被身体定义。许多过于简化而令人沮丧的观念就这样被植入她们潜意识："我很胖，所以我不值得被爱""我的胸很小，所以我不够女性化"，等等。以此为出发点，她们以为节食或丰胸能为自己带来一种控制感，这些想法还使她们以为改变自己的外形是轻而易举的："只需……就可以了。"

通过外形的改变增强自己的主导权的想法确实诱人，但它将焦虑转移到身体上，从本质上掩盖了混乱而不确定的存在性的现实。面对社会的审美要求和时尚圈及大荧幕的审美输出，女性往往会觉得自己被边缘化，感到自信被削弱，对自我更加不满意。她们无法接受自己身体的原貌，或难以接受自己的某些身体部位，如鼻子、嘴巴、乳房、大腿等。有时候，通过注射一剂小小的药物，或者进行个小手术，她们就能恢复信心，但这种"完美外形的暴政"不容小觑。

2008 年，挪威学者们的一项研究[1]表明，虽然整容手术提高了个体对身体形象的自我评价，但术前有心理问题的人并未因此少受心理疾病的痛苦。2018 年发表在《国际女性皮肤病学杂志》[2]上的一项关于形态恐惧症与整容手术之间的联系的研究表明，"这些心理问题包括与外表相关的焦虑和抑郁症"。

什么是身体畸形恐惧症

根据《拉鲁斯词典》，恐惧症的特点是"个体对其身体全部或部分的'难看'外观有着夸张的担忧，这种担忧未必有客观依据"。

在心理学上，这种担忧被认为是个体臆想出来的缺陷，或者说，是完全缺少客观性的自我判断。个体认为自己是"畸形的"，并因这种想法而感到痛苦。

---

[1]　Soest T. (von), Kvalem I. L., Roald H. E. et Skollenborg K. C., " The effects of cosmetic surgery on body image, self-esteem, and psycho- logical problems ", NCBI, juillet 2008.

[2]　" Women are getting Botox to fix 'resting b---h face,' and a psycho- logist says the trend is troubling ", Insider, septembre 2019.

整形手术不能解决所有存在主义的问题，这似乎是一条显而易见的常理。然而女性正是常常被所谓的审美标准操纵，以至于忘记了围绕身体的其他价值观，尤其是健康的价值观。当女性不再过分关注自己的外表后，她们将通过其他方式与身体重建联系，比如说运动。届时，她们会这样认为："为了能真正欣赏自己的身体，我们应当重新思考它的价值和意义。我们要为重新定义身体而抗争，从而使它成为一个活出自我愿景的存在。我们需要拥有健康的身体来享受欢乐、探索未知。"[1]

扎迪·史密斯在她的小说《论美》[2]中，十分精确地描述了"美"这一标准带来的"暴政"。

这也是琪琪害怕生女儿的原因：她知道，她的女儿将不由自主地厌恶自己。为此，琪琪曾试图禁止女儿看电视，从未让任何一支口红或任何一本女性杂志进入家门。但所有预防措施都是徒劳的。对女性身体的憎恨在空气中荡漾着，至少琪琪是这么想的，她认为那些观念会随着风声飘进屋内或渗入鞋底，它会从报纸上散发出来，不受控制。

女性与社交网络

纸质海报或网络图像上呈现的女性的完美身体刺激着

---

[1]　Orbach S., *Le Poids, un enjeu féministe*, Marabout, 2017.

[2]　Gallimard, 2007.

我们的视觉，主导着女性的身材尺寸，并造成了无可挽回的伤害。女性的身体形象被剥削，沦为随时代变化的审美趋势，但有的审美偏好是亘古不变的金科玉律：大胸、细腰和长腿。

大众的屏幕上充斥着完美的"塑料假人"。女性的身体就此被一分为二，既存在现实中的、属于我们的身体；也存在社交网络中的、被我们捏造的身体。女性如何在网络这片丛林中生存下来呢？如何抵挡每时每刻的自拍诱惑？如何不将自己锁进虚假的视觉世界中？如何不去追逐满头秀发、妆容精致、皮肤紧致，外形堪称完美的网络红人？年轻的女孩们不能拥有如此光鲜的形象，她们又如何学会与这些图像保持理性的距离，培养坚定的自信心呢？

我们可以看看 15 岁的卡普辛的自述。

在三十几张照片中勉强挑选出一张自己认为还算得体的照片后，我在社交平台发了一张自己的泳装照。有两个朋友赞了我的照片，但更多的是评论区里陌生网友的谩骂和侮辱，他们勒令我穿好衣服。我为此大哭了一场，删除了 App，退出了这个社交平台。我现在试着重新接受自己。

不幸的是，卡普辛并非唯一一个由于外形而遭受网络攻击的受害者。某位政要夫人也经历过类似的网络暴力，而她受到的攻击并非来自智力发展尚不健全的青少年，而来自男性政客们。我们身处的时代正摧毁着个体的自信心。"在互联网上，恶意满满的网络用户会把矛头对准与他们意见不合的女性，有的人在恋爱关系破裂时发布一些女方不光彩的照片作为报复。攻击女性的长相已经变成被社会默许的行为。"①

组织中的抵抗运动

女性身体不仅鲜有表达空间，其表现更缺乏多样性。令人欣慰的是，近年来开始出现试图改变这一局面的新趋势。现在，法国政府通过颁布新的法律，禁止时装界聘用过瘦和疑患厌食症的模特。各大品牌开始招聘不同身材的模特，以便所有女性都能找到自己的形象认同。女性群体开始拒绝服从并抵制苗条和审美的规训；社交网络上有越来越多的博主自信大方地展示自己的身材：澳大利亚女演员塞莱斯特·巴伯在社交账号上对明星们进行滑稽模仿，吸引了 600 多万粉丝。当真实的照片在高度标准化的社交网络中传播时，女性终于与自己达成了和解。

丹·福格尔曼执导的美剧《我们这一天》自 2018 年起在法国的电视台播出。剧名"我们这一天"是对剧情的真实反映，片中展示了一个家庭在不同时期的生活形态，它毫不作假，比如扮演患有肥胖症的女主角的演员在现实中确实体型肥胖。她在片中向我们倾诉她遭遇的困难，分享

---

① *Ibid.*

她的烦恼，分享她与身体之间的复杂关系，但也讲述她的梦想、她的希望和她的爱情故事。

从 2013 年到 2018 年，记者兼作家凯尔西·米勒在美国一个网站上写了许多文章。她的写作主题包括克服自卑、反抗完美身材的暴政和积极接受自己的身体。所有文章都被归档在"反节食计划"这个令人振臂高呼的主题下，她写道："无论身材如何，我们中的每一个人天天都被类似'瘦身是每个人必须努力的目标'的信息轰炸着……惊喜的是，事实上你永远都不可能足够瘦！"明白这一点后，她决定停止节食，写下自己的故事："以下是停止节食后发生在我身上的一些事情：我的事业展翅高飞了；我出版了我的第一本书；我意识到自己能够成为一个爱的容器，接受来自许多人的爱；当年和我约会的男生变成了我的男朋友，现在他是我的丈夫……"

我们应当像艾力克·伊曼里奥·史密特笔下的人物一样意识到："我不知道如何做一个符合时代要求的女性。我对女性的性别、配偶、孩子、珠宝、时尚、家居、厨艺……甚至自己，毫无兴趣。是女性气质对我们做出了要求——要求我们沉迷自我，沉迷自己的脸蛋，沉迷自己的身材，沉迷自己的头发，沉迷自己的外表。"[1]

---

[1] *La Femme au miroir*, Albin Michel, 2011.

物化自我

物化的概念是哲学家伊曼努尔·康德提出的，他通过这一概念说明"物化"如何导致"去人化"的后果："人一旦成为他人的猎物，所有道德纽带都会被消解，人由此沦为被利用和被滥用的物品。"[1]美国女权主义活动家凯瑟琳·麦金农和安德烈亚·德沃金因她们在性骚扰、强奸和色情片方面的研究成果而得名。她们谴责男性对女性的物化，[2]并认为色情片是女性遭受物化的部分原因。

之后，北卡罗来纳大学教堂山分校商学院杰出的心理学教授芭芭拉·弗雷德里克森与美国科罗拉多大学心理学家、心理学教授托米－安妮·罗伯茨在1997年正式提出了"物化女性"的理论框架，并证明了其对女性心理健康的影响。理论指出，由于女性被物化，她们因而被贬低，失去了对自己的信心。[3]

该理论假设，许多女性被物化为性对象，这导致各种精神疾病（抑郁症、饮食失调等）的出现。这一结果由两种方式导致：第一种方式是直接性的，被物化为性对象的

---

[1] Kant E., *Leçon d'éthique*, Le Livre de poche, 2007.

[2] *In Harm's Way: The Pornography Civil Rights Hearings*, Harvard University Press, 1997.

[3] Fredrickson B. L. et Roberts T.-A., " Objectification Theory ", *Psychology of Women Quarterly*, 1997.

经历会直接导致精神障碍；第二种方式是间接性的，女性将他人对自己的评判眼光内化。这就是所谓的自我物化。[1]

图 5-1 描绘了这一过程。注意，"心流"[2]这一概念指的是一种心理状态，在这种心理状态下，一个人无论在工作、听音乐、做运动还是在执行其他任何任务时，都能全神贯注并将全身心投入自己正在做的事情中。这种沉浸式的活动中常伴随着非常积极的情绪体验，如快乐、动力和成就感等。

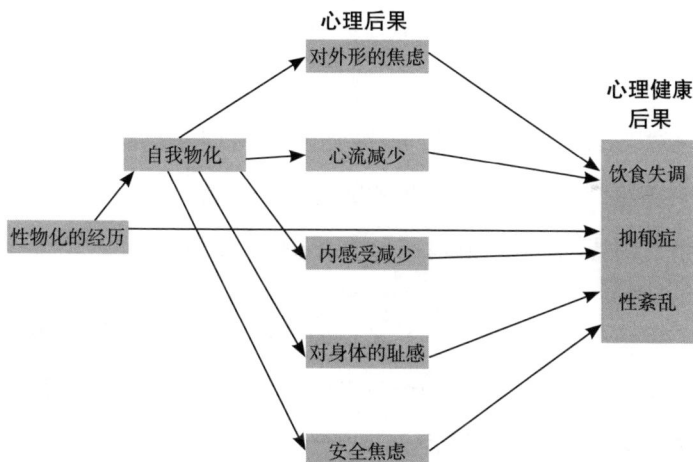

图 5–1　当女性被物化为性对象 [3]

---

[1] Antisexisme.net, 13 août 2013.

[2] 心理学家米哈里·契克森米哈赖提出了心流这一学说。

[3] Szymanski D. M., Moffitt L. B. et Carr E. R., " Sexual Objecti- fication of Women : Advances to Theory and Research ", *The Counseling Psychologist*, 39（I）, 2011, p. 6-38.

对不被重视的恐惧

通过将女性局限在她们的生物性（以母职来定义她们）角色中，或将其局限于她们的身体外形（以美的标准来定义她们）中，大众会进一步低估女性的智力水平。将所有学科的研究人员聚集在一起，我们会发现，每三名研究人员中就有一名是女性。但就连科学家也未能打破这些刻板印象。在法国文化电台"科学杂志"频道的一集节目[1]中，记者和制片人娜塔莎·提乌采访了艾克斯 – 马赛大学认知心理学实验室的教授伊丽莎白·勒涅以及与她共同撰写题为"当学术委员会不相信性别偏见存在时，被提拔的女性将更少"[2]这一研究报告的凯瑟琳·提努 – 布兰克、阿涅斯·内特、托尼·施玛德和帕斯卡尔·于给。

事实上，每两位学科评审员中就有一位不承认科学界的女性可能遭受歧视……根据研究结果，我们提出以下解决方案：对评审员进行教育培训，向他们解释性别偏见的运作机制。认识到自动性的偏见会在潜意识中影响我们，了解它的运作方式，将帮助我们抵制这种负面影响。

---

[1] France Culture, 27 août 2019.

[2] *Nature Human Behaviour*, 26 août 2019. " Les jurys avec des préjugés implicites vont moins promouvoir les femmes dès lors qu'ils ne croient pas à l'existence de préjugés basés sur le genre. "

小说家萨莉·鲁尼曾成为性别偏见的牺牲品。一位男性文艺评论家曾赞扬鲁尼的作品《聊天记录》[1]精彩纷呈。但他紧接着解释道，媒体对这本书的热捧，可能因为作者萨莉·鲁尼"有着性感的嘴唇""看起来像一只害羞的小鹿"。愤怒的网友以 dichterdran 这一德文双关语来抨击他的言论，因为这个词既有"男作家"之意，也表示"时代变了"。这些评论中有诸如"让－保罗·萨特永远无法摆脱西蒙娜·德·波伏娃的智识阴影，这就是存在主义知识分子的悲剧。"尽管如此，与这位男性文艺评论家观点类似的言论必然会影响女性对自身能力的信心。

这些例子都证明大家对待不同性别的严肃程度不同。在文学界，女作家们常面对各种无意识的潜台词，其中便包括对其作品价值的质疑。这是因为在人们的假设中，男性是严肃的，而女性是轻浮的。[2]

以漫画作家艾莉森·贝希德尔的名字命名的贝希德尔测试指出了电影界中性别不平等的问题。1985 年，在贝希德尔发表于报纸上的连环漫画《小心蕾丝边》[3]中，她画了

---

① Éditions de l'Olivier, 2019.

② Lewis H., *The Atlantic Monthly*, août 2019.

③ Firebrand Books, 1986.

一幅作品，名为《原则》。漫画中两个朋友打算去看电影，其中一个人谈到她选择电影时的原则：电影中至少有两位女性角色，她们在电影中要互相交谈，她们交谈的内容与男性无关。结果，她们发现能满足这三条原则的电影并不多！这一讨论引起了反响，现在有四家瑞典独立电影院在选片时坚持这三条原则，以抗议性别歧视。

"是他人的目光拯救了我"

我们的行为和欲望往往依赖他者的目光，我们的身体也无法逃避这种凝视。这些现实能使人产生焦虑感。由于并不知道对方对自己的真实看法，我们需要不断确认：你爱我吗？我是有价值的吗？任何不确定性都令人无法忍受。好在并非所有的目光都充满恶意或吹毛求疵，有的目光甚至可以拯救一个人。

玛丽安今年 18 岁，她的父母都是事业心很重的商界领袖。她和两个姐姐一起长大，两个姐姐都有男朋友，并都以优异的成绩考上了心仪的大学。但玛丽安难以构想自己的职业生涯。

"我觉得身边的人都找到了他们的人生道路。我的姐姐们不仅比我成熟、比我苗条，还都比我优秀：她们中一个就读于法国高等经济与商业学院，一个就读于巴黎政治学院。我高中毕业成绩'还算不错'，这让我觉得自己糟糕透顶。长期以来，父母在我们身上施加了很大的压力。即使看到我对未来选择如此优柔寡断，他们仍然告诉我，他们会支持我的选择，不管是什么。很久以来，我一方面对环境问题很感兴趣，另一方面对心理学很感兴趣，但在具体专业的选择上有点儿模糊，我不知道该考虑什么专业，也不知道该如何谋生。我不停改变主意，对自己没有任何信心。此外，我的三个朋友在高中时就开始经营她们的博客，并在社交网络时代取得了一定的成功。虽然我暗中无比羡慕她们，但我知道我绝对不可能把自己摆在这样的位置上。总之，我是唯一一个做出平庸选择的高中毕业生，我甚至没本事找到男朋友。然而，两个月前，我姐姐的一个22岁的同学埃米尔给我打了个电话，他听起来心急如焚。原来，作为活动组织者之一，他要组织法国高等经济与商业学院和巴黎中央理工学院的学生一起去冈比亚给孩子们上课，但其中一名学生病倒了，不能参加这次支教活动。他问我是否可以代替那位学生。我不假思索地接受了。我迅速接种预防疫苗，打包好行李，抵达一个远离家乡和舒适区的异国的村庄。"

"埃米尔对我无比信任。以前我们很少交流讨论，但他说是我启发了他。他的这句评论改变了一切。我觉得他甚至比我更了解我自己的价值。我的疑虑就这样消失了，我感到无比安心。这次对谈为我插上了翱翔的翅膀，更带给我一种豁然开朗的感觉。我很快适应了当地生活，这段经历也让我对自己的未来有了更清晰的设想。后来我获得了环境管理专业的硕士学位，不久前刚开始在一家非政府组织工作。如果没有埃米尔的信任，我仍然会怀疑自己的能力，怀疑自己的未来。"

每个女性都应得到欢呼和掌声

欢呼和赞扬将使女性迸发出创造的热情。愿我们都能被赞赏的目光环绕，不畏首畏尾、止步不前。那些认可的赞美和歌颂，那些体贴的鼓励和安慰，都将成为我们的心灵养分。有朋友相信我们独具天赋是非常重要的。才华仿佛天使的礼物，每个女性都应得到欢呼和掌声！ ①

改变你对自己的看法

我们无法控制别人的看法，但我们可以尝试改变自己的看法。对自己更宽容，少挑剔，更勇敢。2018 年大获成功的电影《超大号美人》正体现了这样的思考。它旗帜鲜明地宣扬"自信比长相更重要"的观点，为我们树立了值

---

① Pinkola Estes C., *Femmes qui courent après les loups*, Grasset, 1996.

得借鉴的精神榜样。电影中艾米·舒默饰演一个身材圆润的自卑少女，在一家女性杂志社工作的她自信心饱受摧残，暗暗发誓要变美。在一场意外事故后，她一觉醒来开始相信自己是这世上最美的女人。她的自信就这样影响了身边的人，也使他们改变了对她的看法。

65岁的安娜贝尔再婚7年了，她坚信一个人的自信取决于自己如何看待自己。

"我在55岁那年丧夫。当时我觉得自己老了、丑了、完蛋了。一个朋友把我摇醒，拉着我去上瑜伽课，去参加文化活动。渐渐地，我重新找回了生活的乐趣。第二年夏天，我们去一家俱乐部度假。除了我的朋友和她的丈夫，我谁都不认识。我沉浸在自己的世界里，抛开了他人的眼光，从游泳到冲浪，全部玩了个够。我以前一直有自卑情结，觉得自己太高大了，有赘肉而且白发苍苍……直到我邂逅了那座城市里最帅的男人，从此和他生活在一起。如果我年轻的时候有这样的自信，我就不会浪费任何光阴。我将享受每一口糕点，欣赏自己的美，而不会每天计较体重秤上的数字……接受自己是给自己的最好的礼物！"

每个人都有解读别人目光的方法，也有能力以友善的目光看待自己。在这方面，小说家、时尚评论家和富有影响力的网络红人苏菲·方塔内尔是值得效仿的典范。[1]她接受了我们的采访，与我们分享了她对女性自信的看法。

自少女时期开始，我就害怕自己不够漂亮。担忧自己的美貌不足以吸引异性。虽然后来我还是有不少异性追求，但我无法相信自己的亲眼所见。与此相反，我对自己的写作、创意、幽默和才华非常自信。这些都是我会充分发展的品质，使我不致陷入对审美的焦虑中。

我很快意识到，这种对外形的不自信背后隐藏了些什么。它可能是某种不至于令我自命不凡的理由。克服了这种自卑后，我很快意识到自己是多么幸运，能自由地做自己。我曾经还对自己冷嘲热讽，但随着岁月流逝，我意识到就连世界上最漂亮的女孩都会自我怀疑。所以，远不及她们漂亮的我，进行自我怀疑是很正常的。自我怀疑蛊惑我们，但又使我们谦虚。这很有意思。

我的自信心增强了。因为我对他人并无恶意，就算曾有生气的时刻，最终我还是会选择宽容、爱和理解。当我以这样的态度对待别人时，我也会这样对待自己。这样一来，我不像以前那样苛求自己了。

我建议女性朋友们意识到，不同人会有不同的看法。有人会告诉你玛丽莲·梦露不美，有人会告诉你马赛

---

[1] *Nobelle*, Robert Laffont, 2019.

尔·普鲁斯特的小说不值一读。俗话说，所有评价都是相对评价。所以，我们要选择最宽容的评价，尤其要学会选择对自己的宽容评价。当然，这并不意味着不去诚实地面对自己，但要知道，诚实并非严苛。对自己不要太严苛。

我还想补充一句，自信也来自对他人的兴趣。我有点被这种"与自己内心相通"的论调吓到了。对我来说，我所有的进步都是通过对别人的兴趣实现的。正是因为忘记了自我，我才得以用平和的心态，以更轻松、更温柔的眼光看待自己。当然，我很尊敬那些找到内心平衡的人，我想每个人都有自己的方式。但在我看来，自信并不在于控制自己身体的能力，它是对身体的波动的接受。它在于对自己的宽容。

几个小技巧，使自己从别人的目光中解脱

（1）为了更宽容地看待自己，推荐观看电影《超大号美人》。这部电影将使你发现自己的美，并告诉你："学会爱自己，别人便会爱上你！"

（2）推荐阅读克拉利萨·品卡罗·埃斯蒂斯所著的《与狼共奔的女人》。

（3）关注塞莱斯特·巴伯的社交账号，像她一样，学会回归现实生活。你将发现：开自己的玩笑并不

碍事，重了几斤更不碍事！

（4）推荐阅读苏菲·方塔内尔的所有书籍。

（5）主动创造围绕女性的友善氛围，停止以批判的眼
光看待其他女性——虽然我们都曾这么做，但要
承认这是错误的。

（6）学会对自己说："只有学会温柔地对待自己，才能
学会体恤他人。"[1]

---

[1]　Brown B., *La Grâce de l'imperfection*, Béliveau Éditeur, 2018.

第六章

化自信不足为动力

你将在每一次不得不直面恐惧的经历中
获得力量、勇气和自信。
你将有底气对自己说：
"我战胜了恐惧，
下次无论发生什么意外，我都有能力克服。"

埃莉诺·罗斯福

当一个人意识到自己信心不足时，他可能拥有一股前进的力量。对自我的清醒认识使我们能够预知自身的恐惧，从而发挥自身的优势和经验。无论在职场关系中还是在情侣关系中，这种意识都将为我们提供必要的动力，使我们渴望超越自我，勇敢面对生活中的危险和不公正。

某个事件或突发状况可能会转化为我们的动力。有时候，一句来自我们尊敬的人的严厉批评或一句"你做不到的"会刺激我们对成功的渴望，让我们勇敢迎接挑战："我要证明他错了，我一定会成功的。我一定要做到。"不管是出于自尊心、出于贬低性话语的伤害，还是出于"报复欲"，这些动机都像一个马达，驱动我们驶向成功。有时候，这些伤人的评判来自我们的亲人，但也有时候，亲人无可挑剔，他们对我们充满爱和鼓励，是社会的杂音伤害、刺激着我们。

要指出的是，在我们所处的标榜个人主义的社会里，自信固然重要，但自信的女性往往很容易被评价为傲慢、专横。性别规范和刻板印象依然存在，很多人认为自信的女人必然是独断专行的，自信的男人则洋溢着领导者的风采。我们需要时间打破束缚女性的模式，不再将女性束缚在养育、关爱和谨小慎微的角色中。

与刻板印象抗争

为了对抗刻板印象并获得自信，认识到刻板印象的广泛存在是我们要走的第一步。通过组织进行抗争，我们将改变社会观点。

而这就是一些学校为了挑战文化中根深蒂固的刻板印象所做的努力。我们将在后文再谈这个问题。

2014 年，销售女性卫生用品的护舒宝也以对抗性别刻板印象为使命，发起了名为"像个女孩一样"（Like A Girl）的广告运动。"像个女孩一样"在这之前是带有贬义色彩的后缀。"你打球像个女孩一样"或"你跑得像个女孩"就等于在说"你的水平糟透了"。

广告片"像个女孩一样"取得了巨大的成功：视频在 150 个国家及地区的观看次数超过了 8500 万次，全球有 150 多万人分享。宝洁表示，大多数人都表示视频改变了他们对"像个女孩一样"这句话的理解。超过 60% 的女性观看视频后一致认为，如果大家都开始将"像个女孩一样"

视为褒义表达，而非视为侮辱，那么女性会更有自信。[①]

在广告片中，大人们被要求"像女孩一样"投球。在这句指令下，他们投球的姿态变得滑稽而荒诞。但当同样的问题抛向一个小女孩时，她拼尽全力展示了自己身上蕴藏的能量。2016 年，护舒宝想走得更远，于是策划了一个新的广告运动，通过广告片向巴黎圣日耳曼后卫劳雷·布洛致敬。

过去几年，护舒宝品牌一直希望通过广告视频短片打破围绕体育活动的陈旧观念。这些陈旧观念导致许多女孩因缺乏鼓励而被排除在体育活动之外。"这不是你的运动！"打橄榄球、拳击或踢足球的女孩们一生中不止一次听到过这句话。而这便是护舒宝广告运动的出发点。因为女孩总是被要求必须符合社会强加给她们的标准：要有女性气质、温柔腼腆、谨小慎微，许多年轻女孩在十几岁时就不再喜欢运动。而热爱运动的女孩们非常缺乏可以认同的榜样。在当下，有哪些女性运动员因其天赋、勇气和赛场表现而受到追捧？唉，太少了。处于青春期的女孩们不可能没意识到这一点。[②]

---

① Lsa-conso.fr

② *Terra Femina*, 28 juin 2016.

为了增强自信心，来做运动吧

运动场本身是充斥着关于性别的刻板影响和贬低女性倾向的场所。在青春期，每 10 个女孩中就有近 7 个女孩会有以下观念。

- 认为她们并非为运动而生；
- 认为社会在体育运动中没有平等或公平地代表女性或给予她们应有的重视；
- 希望当下有更多女性运动员榜样。

一项研究[①]表明，青春期结束时，41%的年轻女孩会停止做运动。

然而，体育运动在培养自信心方面起着至关重要的作用。做运动的三大好处如下：

- 保持身体健康；
- 增强自信心；
- 培养团队精神。

如果说塞雷娜·威廉姆斯是在奥运会上启发、激励女孩们的女性运动员之一，那么法国国家女子足球队同样让

---

① 2016 年 1 月 11 日至 2 月 5 日，明思力集团（MSLGROUP）在法国对 1003 名年轻女性进行了关于信任和青春期的研究。

整整一代女孩们意识到有些运动并非专属于男性。此处"像个女孩一样"便成为一句赞美。

体育以规则清楚的战斗形式赋予人们竞争的体验，由此创造了凝聚团队精神及建立社交联系的场域。这种互动将使个体在其他领域中掌握实现雄心壮志的手段，同时不过于苛刻地审视自我。对女孩来说，她们将学会成为主动进攻的前锋，而不仅是被动防守的后卫；她们将学会走出自己的舒适区；她们将在训练中看到自己努力的成果，尝试不同的运动，特别是那些被贴上"男性化"标签的运动，比如足球或拳击……

若想赢得阵地，就要勇往直前。得益于各种反对陈旧、刻板印象的广告运动，社会风气开始发生变化。害怕犯错或害怕发挥不好都相当于一张亮在年轻女孩脑海里的黄牌。所以，进行运动训练，尤其是团队运动，就是要力争上游，要冒着跌倒的风险，通过和团队成员分析失误，思考解决办法，从而学会在跌倒后重新站起来。这是建立自信心的理想练习场。

此外，运动有助于个体与自己的身体和身体形象之间建立更健康的关系，也是对抗社交媒体的规训的一种制衡方式。在这一领域颇有建树的多芬公司带头成立了"多芬自尊项目"，其中一个重要内容就是运动。"'身体自信运动'

进展报告[1]显示，参加体育活动的人比不参加体育活动的人对自己的身体形象有更积极的认知。对身体自我感觉良好就意味着在运动中感到自在，这既有利于身体健康，也有利于心理健康。"

傲慢与偏见

一个人的自恋心态受挫，这往往能成为他成就事业的契机。有时候，严重的创伤往往是对我们信心的重要考验。和冲突一样，试炼也是不可避免的。命运会在我们的人生道路上设下不少陷阱。童年或其他人生阶段遭遇的失败或逆境，都会激发我们与命运搏斗的强烈欲望。这并不是报复心态，也不是要向自己证明什么，更不是不想让自己任命运践踏，相反，这是继续前进的渴望。这种渴望像明亮的灯塔，能照亮我们的自信心。

艾莉尔是一位有着温柔声线和柔和脸庞的年轻女性，她年纪轻轻便已经取得了令人瞩目的成就。

我从小学就开始学戏剧表演了。当时父母对我的这个选择有些惊讶，因为我一直以来都比较害羞矜持。当哥哥还在和他的玩伴们嬉戏打闹的时候，我常在一旁静静阅读。我是一个手不释卷的书虫，我爱读小说、戏剧、诗歌……

---

[1] National Health Service, service de santé britannique, 2013.

畅游于语言文字的海洋让我心花怒放，朗读经典剧目更让我心潮澎湃。我很早就认为自己是为戏剧表演而生的，要在舞台上度过这一生。但当时我太缺乏自信了，我从未向任何人谈过我的梦想，因为我觉得它是不可能实现的愿望。

升入初三的时候，我想加入戏剧社。戏剧社是我敬佩的法语老师和拉丁语老师组织的。母亲陪我注册登记时，现场熙熙攘攘。当时我正在和朋友说话，突然听到母亲对老师说："艾莉尔的梦想是当一名演员。"老师微微一笑，有些轻蔑地回答道："艾莉尔很聪明，她绝对是学文学的料。但不要自欺欺人，她离成为一名演员太遥远了。"我听到时觉得自己仿佛要晕倒了，但幸好当时现场喧闹，我的朋友们什么都没听到。但我清楚地听到母亲说："您不要用这么居高临下的语气评价我的女儿。你说得对，她很聪明，她的表现力会让你大吃一惊的。"那一刻我几乎想投入她的怀抱。我从未告诉过她我的秘密愿望，但她是我的母亲，对我知根知底。最重要的是，她在那一刻勇敢地维护了我。"

这件事给了我不可思议的力量。那位戏剧老师可能对我的母亲记恨在心，后来常有意以不公正的态度对待我。但我对此不予理会，默默用功，不断进步。高中毕业后，我去加拿大攻读表演和导演专业。在另一个国家的求学经历帮助我重塑自己，获得了自信。回到法国后，我争取到了在著名剧院演出的机会。去年，一场哥尔多尼的戏剧演出结束后，那位戏剧社的老师前来祝贺我，他热情地对我说："我一直都相信你会成功！"我诚心诚意地感谢了他。我能成功地站在舞台上，的确从一定程度上要归功于他……

"当一切毁灭殆尽，至少勇气尚存"

丹尼尔·佩奈克这句话强调了一个事实，那就是我们内心中总有一些永不消退的力量，勇气就是其中之一。我们可以从勇气中汲取的力量远比想象的要多得多，它促使我们付诸行动。

不惧变化

自信心会受我们对困难、变化和失败的反应的影响。因此，我们如何处理自己的怀疑、脆弱和恐惧就显得尤为重要。很多时候，我们想象的生活、期待的成功方式和制订的计划都会被打乱，贝蒂·马赫莫迪和我们中的很多人都是如此。这提醒着我们存在并非依照线性发展。而如果我们相信尼采那句名句"那些杀不死我们的，终将使我们更强大"，我们就可以根据过去经历的考验来分析自己的自信来源。

正如克拉利萨·品卡罗·埃斯蒂斯在《与狼共奔的女

人》一书中阐释的那样，现实生活中的种种困难比虚构的小说情节要有趣得多："童话故事往往在 10 页之后就结束了，但这不是我们的生活。在结束一段令人崩溃的经历后，还有另一场考验等待着我们。一幕又一幕，我们总能绝处逢生，扭转自己的命运，创造自己期待的生活。不要浪费时间为失败落泪，失败是一位比成功更好的老师。愿我们能够从中吸取教训，继续前进。"

政治记者、小说家瓦莱丽·特里耶韦莱以同样的逻辑，鼓励我们鼓起勇气，直面缺乏自信的处境。

不幸的是，我在各个方面都有很严重的自我怀疑。当我成为公众人物时，大家都认为我对自己很有信心，但事实恰恰相反。入行 30 年后，我交稿的时候仍为它将收到的反馈感到忐忑不安，就仿佛在面对一场大考。每次我在做采访的时候，总是怕自己问错问题。

拿到高等专业学习文凭（DESS）时，我为自己这一文凭充满自豪。但当我开始做政治记者的时候，我发现一路结交的大多数人都毕业于巴黎政治学院，比我拥有更渊博的学识，而且更自信。我的家庭比较普通，这一方面令我为之自豪，但另一方面让我觉得自己根基薄弱。

当我和弗朗索瓦·奥朗德一起入住爱丽舍宫时，我觉得自己名不副实。我做了 20 年的政治记者，但那并非真正令我感到自在的领域。

写作《感谢这一刻》①让我重新找回了某种自信。我已经敢于坦诚地说出真实的所思所想，不再自我贬低了。

女性应当学会少怀疑自己。我没能在事业上大有进步，在很大程度上是因为我要同时照顾、教育三个孩子。我当时总怀疑自己难以做好本职工作，但老实说，我在工作中付出了和男同事们同样多的心血。

明确自我价值观

价值观也是可供取用的资源。个体的价值观既在于其信仰，也在于他如何看待生命中最重要的东西。我们每个人都在追寻人生意义的道路上，追求秩序和控制是人类自古以来的生存优势。意义决定了我们的价值观，而价值观就是我们的人生指南针，它指导着我们对如下问题进行回应："我为何存在？我存在的目的是什么？我应当如何存在？"要再次强调的是，清楚地界定我们的价值所在非常重要。自由，对事业的奉献，艺术和科学的创造力或是慷慨奉献？通过对这些价值观的确定，我们才能找到行动的勇气。

当一个人能够以契合自身价值观的方式生活时，他便

---

① Les Arènes, 2014.

能够与自己的深层能量紧密结合。与个人价值观的和谐共处也有助于增强自信感。这是接纳与承诺疗法[1]的基础观点之一。这一疗法是目前行为和认知疗法的一部分。"接受与承诺疗法倡导利用意识、接受自我的情绪及远离令人困扰的想法，从而使个人的行为更契合其人生价值。该疗法的主要特点是主张远离令人困扰的想法，接受痛苦的情绪和感受，并按照自己自由选择的人生价值观采取行动。"[2]

一个模范案例

当自信匮乏的现实化作动力时，人将拥有拯救性的力量。让我们来认识一位有着优秀履历的女性：西尔维娅。

西尔维娅·卡安将自己定义为"瑞士军刀"。她身兼数职，喜欢做很多不同的事情，并认为自己从事的每一项活动都与其他活动相互助益：她是电视节目咨询师，曾长期担任法国 M6 电视台和 TF1 电视台的总监；她亦是一名演员，曾参演克劳德·劳路许和史蒂芬·布塞的电影《女人的生活》；她还是一名作家，写了《和青春期孩子面对面》一书；她也是电视节目、面试和公开演讲领域的培训师。

---

[1]　Hayes S. C., Strosahl K. D. et Wilson K. G., *Acceptance and Commitment Therapy an Experiential Approach to Behavior Change*, The Guilford Press, 1999.

[2]　行为科学学会（ACBS）.

她涉足的四个职业领域是彼此相通的。

我一直是个"脾气好"的小女孩，至少大家都是这样评价我的。因为我幽默风趣，从容大方，和他人相处融洽。虽然我的父母是非常聪明且有学养的高知父母，但我的学习成绩相当差。我的母亲是个不怎么有女性气质的女人，但她的履历优秀得令人赞叹：1928年，她出生于塞纳河畔纳伊市的一个富裕家庭，在数年的求学生涯后，她从巴黎政治学院毕业，获得了法学和文学学位。她取得这一切成绩的背景是她6岁丧父，并经历了第二次世界大战。我的父亲出身于外省，家境一般，没有受过什么教育，但他制作了第一部电视剧——他终于和我母亲齐头并进了。而我则窘迫地处于读《世界报》《解放报》和《鸭鸣报》，听勃拉姆斯和莫扎特的父母的夹缝间。

少女时期，我是麦克·布兰特的粉丝。我常拿着牙刷当麦克风唱他的歌。我阅读《网球》杂志，房间里贴着挪亚方舟的海报。在家中我便是如此自娱自乐的。尽管父亲从未亲口告诉过我，但我想他已经察觉到了我对艺术的敏感性。母亲则忍不住拿我和姐姐妹妹们比较——我的大姐比我大两岁，正在学习拉丁文和希腊文；至于妹妹，她的小提琴水平已经得到了演奏家文凭的认证。所以母亲总觉得我算是没希望了。我从她对待我的态度上和与我谈话的方式上能体察出来。说实话，基于我平庸的学业成绩，她对我的态度是可以理解的。

带来"致命一击"的句子

我上高一的时候，有一天，我妈妈建议我报考打字员。我清楚自己能力有限，而且我对打字员工作根本没兴趣，我更想成为一名编剧、导演、演员或摄像师。

"妈妈，我根本不想做一个速记打字员。"

"听我说，你必须报考打字员。因为我压根不确定你是否有能力在普利苏做销售小姐！"

她这句话一出口，一切仿佛都静止了。哪怕你和妈妈相处多不合，哪怕你当时的心情再好，哪怕这段对话可以让朋友们一起哈哈大笑，哪怕你有一个很爱你的爸爸，哪怕你生活在优渥的家庭环境中，一句这样的话的杀伤力是很严重的，它可以断送一个人终身的期望。很多人都曾为一句"致命"的话语咬紧牙关，但不一定会对此刻骨铭心，并在这打击之上建立起更强大的自我。

这句话把我击碎了，但也给我带来一种全新的力量。当时我失去了所有的自信，对自己不停灌输——我不得不承认，35年来我都要如此教育自己——我对自己说："你是个白痴！"当时，我成绩固然很差，而且除了《网球》和麦克·布兰特，我对其他任何事情都不感兴趣，我对家

庭的知识分子氛围心有戚戚，所以我唯一的用武之地就是
装疯卖傻。

我必须说清楚的是，我并非瞧不起速记打字员或销售
员这类职业（我曾经也当过销售员），只是那不是我的人生
目标。但经由母亲的口说出来，我能感受到她彻头彻尾的
蔑视。她认定我一无是处。有些人一听到这种话就崩溃了。
但事后回想，我不得不承认这句话激发了我强烈的渴望，
我想证明母亲低估了我的能力，她错了。后来，正是这句
话激励着我完成高中学业，鼓舞着我最终被自己喜欢的心
理学专业录取。这一切也许要得益于我的母亲。虽然我从
未告诉她，因为我觉得她会为此手足无措。她确实真心地
为我的未来担心，我也不能将一切错误归咎于父母。所以
我最终原谅了她。

在 40 岁左右的时候，我发现身边很多成年人对自己缺
乏自信。他们害怕犯错，恐惧他人严苛的目光，担心自己
做的事情会导致灾难性后果，觉得自己做的每一件事都是
痛苦的。在各种饭局上，我常为自己感到心虚，每当遇到
有着硕士文凭的毕业生，我总觉得自己在其衬托之下显得
肤浅愚蠢。当大家讨论某些主题时，我常担心自己的知识
水平太低，或者因为没有读过某个作者的书便对与他相关
的话题闭口不谈。我很擅长将自己缺乏自信的事实伪装起
来，通过转移话题掩盖强烈的恐惧。过后，这种逃避总让

我不停冒冷汗。我很会掩饰，总鞭策自己努力，所以总能在愿意投入心血的事情上成功，也总有一些事情推动着我前进，我因而取得了优秀的学业成绩，职业生涯也很成功。有一天，一位心理医生告诉我，我的女儿对自己完全没有信心。他的观察令我难受极了。我觉得自己已经用尽一切方法培养她的信心了。心理医生补充说："培养有自信心的孩子，要从对自己有信心开始。"这句话令我醍醐灌顶——现在我已经是一个母亲了，我不仅是为了自己，也是为了孩子们而奋斗。

我在 M6 公司的杂志组做项目经理的时候，我的一个朋友，她是我在 M6 公司的同事，问我为什么不申请领导的职位。我笑话她的提议："我这就去主任办公室，让他给我安排这个职位！这简直轻而易举！"

"好，那你就继续做手头无聊的工作吧，可不要抱怨！"

三个月后，她的话又出现在我的脑海里。于是我问朋友，她是否真的相信我有能力应聘领导者的职位。

"那还用说！你的学术背景、职业经历、人格品质、完成的项目和你的人际关系、世界观……都与职位的要求相符。你具备一切胜任领导职位的能力。"

对于如此缺乏自信的我来说，她的这番话着实令我震惊。听起来很疯狂，但我后来真的这么做了。我走进主任的办公室，站在他面前坚定地说："现在杂志组还没有领导，但是没关系，虽然你还没意识到，但你要找的人才就站在你面前！"主任被我震住了。半年后，他真的将我提拔为领导。我在任职期间与许多成功的品牌展开合作：与瓦莱丽·达米多合作家居装饰杂志，与史蒂夫·普拉扎合作"寻找心仪居所"这一住房服务，与克里斯蒂娜·戈多拉合作策划时尚节目以及在 TF1 电视台开办"大师班"等。这一切并没有什么太值得骄傲的地方，毕竟我没能发明出改变世界的疫苗，但我对自己的工作很满意。尽管如此，当祝贺声如雨点般热烈地落在我身上时，我发现自己还是很难接受别人的夸奖。我总是把自己的成功归功于我的团队，归功于主持人，归功于别人。

我的职场生涯就在 M6 和 TF1 两个公司中度过。50 岁之前，我买了克里斯托夫·安德烈《恰如其分的自尊》①一书，做了名为"你对自己有信心吗"的测试。测试结果令我担忧，于是我开始学习增强自信的技巧，比如当有人祝贺说"这个节目太棒了"时，只需大方地回答"谢谢"。我慢慢学会了接受赞美，并去享受它。

在我 50 岁那年，我的父亲过世了。他年事已高，度过了美好的一生。由于我和母亲相处很不和睦，他曾是我生命中的重要组成部分。所以，在他去世的那天，改变就这

---

① Odile Jacob, 1999.

样发生了：不再有人代替他来评判我了。这也成为我开始
决定辞职单干的时刻。因为我想完成任期，实现曾经许下
的承诺，所以当时并没有马上跳槽，但一年零三个月后，
我离开了 TF1 公司。我一直知道自己想出演角色、写剧本，
所以我策划了一个剧目，名叫"独自一人，那又怎样"，我
走上舞台演绎自己书写的情节。我终于有了自信。

重生

我想，当时我不仅挣脱了父亲的束缚，还挣脱了母亲
的束缚。但后来，母亲阅读了一系列我写的诙谐剧目，认
真地修改，赞美了其中的精巧构思，还祝贺了我的成就。
我觉得这一切简直不可思议。我难以相信母亲会认为我很
了不起，但她确实对我的一些朋友说，她很欣赏我做的一
切，觉得我很了不起。

登上舞台，袒露自我，这能给人带来极强的自信心。
听到舞台下传出的笑声更是一种非凡的安慰。我第一次意
识到，自己可以让一整个剧院里的观众笑出声来。我后来
想："我的文化水平不够高没关系，至少我能给他人带来这
么多欢笑。"就这样，我把自己从父母的目光中解放出来
了。尽管有时我想，在内心深处，我还是会担心自己因为
文化素养不够高而被人评头论足。但上台表演总能让我忘
掉一切烦恼，真正做自己。我可以在舞台上把一切独门绝

学都展示出来，不必在乎是否符合母亲的期待。就像我能令他人动情落泪一样，我也能让他人开怀大笑，这就是最美好的礼物。

我不认为成功有单一的定义。你可以做一个成功的牧羊人、一个成功的木匠、一个成功的速记打字员，甚至是商场里成功的收银员。最重要的是把事情做好，并享受其中的乐趣。我也不认为成功是以赚到多少钱来衡量的。我在许多岗位上都获得了不错的成就，但我认为真正的成功是找到真正能改变环境的东西，比如开发一种有效的疫苗。我喜欢艺术家，但我更为研究人员的发明可以拯救如此多的生命而赞叹。

我觉得女性往往不如男性自信，因为她们总是问自己更多的问题。从 3 岁开始，小女孩就开始问自己各种存在主义的问题。成为母亲可以增强一个女性的自信。孩子将给予你无条件的爱，夸赞你的美貌，认为你无与伦比。若母子之间相处和睦，这更是至高无上的快乐。但毋庸置疑的是，母职也会以一种难以置信的方式阻碍女性事业的发展。我接下来要向你们坦白一个残酷的现实：作为企业的领导者，我更倾向于雇用一个抚养着年龄较大的子女的女性，否则她将请产假、看儿科医生……现实正是如此可怕。

我是从事着繁忙全职工作的女性中的一员，不仅身兼重任，要指导杂志社的运营，还要组织行程，照顾孩子，哄他们上床睡觉。我不希望回家的时候他们已经睡着了，于是我总会在他们睡前花时间陪他们一会儿，然后再开始工作。令我庆幸的是，我不需要在办公室待到晚上九点，只需要完成规定的工作就可以了。但这一切需要做出巨大的时间安排上的努力。为了处理工作事务，度假的时候我甚至会带着手机和电脑，在海滩上把孩子们托付给我的妈妈，自己继续工作。这样的安排不总是可行的，因为有许多艰难的选择要取舍，但我还是坚信一位女性可以身兼母职和职场女性两种身份。

在职场上，女性气质既不应该是一种特殊优势，也不应该是一种障碍。30岁的时候，我用尽力气发挥自己的女性优势；但40岁以后，我意识到还是找到其他的优势才好……我觉得女性气质像一个诱饵，只会引起许多翻来覆去没有定论的争议。

关于自信主题的工作坊

为了重新探讨自信这一议题，我现在经常组织与这一主题相关的工作坊。我是过来人了——我曾经在自己身上发现自信匮乏的问题，也最终克服了它，现在我希望能够帮助他人。我试着引导学员们找出记忆中那句使她们自信顿失的话。做一对一辅导时能够比较快地帮她们找出这句话，但在一项集体辅导中，情况就会比较复杂。我会要求学员们匿名指出"始作俑者"。我渐渐发现这句话不一定来自父母，也可能来自兄弟姐妹。比如，"奥黛塔是呆瓜"是哥哥们常用来取笑自己的妹妹的恶作剧押韵小调。哥哥虽然爱惜妹妹，却乐不可支地叫着"呆瓜奥黛塔"。妹妹潜移默化地受这句恶作剧小调的影响，也就真的在家里扮演起了"呆瓜"的角色。所以，我尝试教导她们在这块"腐坏的土地"上培植自己崭新的身份。我也会分享曾经给我带来"致命一击"的那句话，以便更自然地维系和学员之间的关系。

我认为世界上存在两种人：一种是从不怀疑自己的人；另一种是从不相信自己的人。

而且我认为，与其一开始做一个从不怀疑自己的人，不如从一个从不相信自己的人做起。因为一个从不怀疑自己的人在犯错之后不懂得吸取教训，但一个从不相信自己的人难以忍受失败，他们将加倍努力地理解自己的错误。

我希望学员们不会像我这样，整整35年被给我带来"致命一击"的话所定义。我们一定要努力摆脱它，从那句话中汲取强大的力量。所以，我常邀请那些缺乏自信的人总结自己过去的经历，明白自己在哪些地方跌倒失败了，又在哪些地方取得了成功。分别记录下来后，我们发现成功的经历总是比失败的经历更多。我从学员的简历中找到了他们看不到的自己的闪光点。对于这些优势，他们常过分谦虚地闭口不谈……然后我会要求他们把曾经取得的成就写在一张大纸上，挂在房间里。若要大步地迈向成功，就要认可自己的成功、自己的长处和自己的进步，要学会庆祝自己取得的成就，善待自己。我还建议他们写一封感谢信给那位曾经说出伤害性话语的人（无须寄出去），以此来摆脱这句话带来的阴影，原谅这段过往，让学员们意识到是这句话成就了今天的他们。每个人都有情感、欲望和恐惧，而苦难往往使我们成为更好的人。

如果明白如何阅读操作手册，那么我们将学会把不自信视作机会，通过它更好地完善自我。"呆瓜奥黛塔"的哥哥说出这种话不过是出于对妹妹的嫉妒；我的母亲曾认为我是在浪费自己的才能，而她当时说的话无非是自己焦虑的投射。

如果自信并非与生俱来，这并不可怕。我们可能会拥有很爱自己的父母，可能从未听过伤害自己的评语，但也可能经历复杂的童年过往。我们应当学会反思自己的恐惧，思考如何进步，如何重建自我，如何疗愈自我，如何爱惜自我。每个人都可以从自己身上汲取成长的养分，也可以找到治愈自我的良药。

赞美脆弱

西尔维娅说，与从不怀疑自己的人相比，她更偏爱从不相信自己的人。她解释道，从不相信自己的人有动力认识自己的错误，拥抱它，并从中有所收获，他们懂得将错误当作自己成长的机会，让自己重新获得自信。

这也是社会工作者、休斯敦大学人文与社会科学专业的研究员布琳·布朗博士的观点，她曾在自己的一本书中赞美脆弱。

将脆弱视为弱点是最普遍和最危险的迷思。若你终其一生都拒绝显露任何脆弱，保护自己不受伤害或不让自己表现得过于情绪化，总是将所有情绪吞进肚子里，像个训练有素的特种兵一样向前冲，那么当你面对不擅长或不愿意隐藏感情的人时，你就会对其充满鄙夷。现代社会已经走到了这样的地步：人们不但不尊重脆弱背后蕴含的勇气和胆量，还用评判和指责来掩饰我们的恐惧及尴尬……我们需要培养身处情绪化的氛围中的勇气，并教导身边的人接受这种情绪化的情境，并把它作为个人进步的一部分。[1]

而布琳·布朗认为，脆弱性是因性别而异的："我认为脆弱和羞愧是人类的深层情感，但导致羞愧的社会期望是

---

[1]　Brown B., *Le Pouvoir de la vulnérabilité*, Guy Trédaniel, 2012.

因性别而异的。女性承受的期待是要身兼数职，要无所不能，要完美无缺，而且这种完美要看起来轻而易举，这造成了一种灾难性的组合；而男性承受的期待则是永远都不能被视为弱者。"[1]

掌握 6 大秘诀，化信心不足为动力

（1）多做运动！将运动作为一项贯穿一生的实践，在青春期尤其要多做运动。

（2）随着时间的推移，女性不自信的状况会逐渐消失，她们将更容易接受自己。不要等到 50 岁后才去找专家帮助，不要任由自己深陷苦海。

（3）扪心自问，有哪些致命的评价曾让你瞬间垂头丧气？如果你曾被某句话重伤，请写一封感谢信给说出这句话的人。不一定要将这封感谢信真的寄给对方，只需将它写下，你就能跨过这道坎。

（4）如果并未听过中伤你的话或者你已经记不清了，就拿一张纸，记录下你实现的所有成就和你引以为傲的一切。这将给你灌输无穷的自信心："噢，我曾经做成过这样一件事，很不错了！"这也能

---

[1] " Brené Brown on the Power of Vulnerability ", *The Telegraph*, 17 septembre 2012.

让你更重视自己。

（5）听麦克·布兰特的《战斗之歌》并与他一起高声歌唱："战斗，握紧你的拳头，去战斗，与那些想阻碍你快乐的人抗争，别让他们剥夺你的幸福……每天的生活就是一场战斗。如果你有时被打倒，即使困难重重，仍要站起来，站起来！"

（6）从各个方面审视你缺乏自信的现实，试着找出原因，然后张开双臂拥抱它们，让它们推动你前进！

第七章

女性之间

每一位女性为自己振臂高呼时，
她其实也在为所有女性发声。

玛雅·安吉罗

自出生起，小女孩们就在童话故事的甜言蜜语中长大，也在其中初尝竞争和嫉妒的滋味。童话女主角的救赎常来自前来营救她的人（通常是一位王子），白雪公主的继母则自恋无比且嫉妒心重，灰姑娘的继母的女儿们则虐待可怜的灰姑娘……听着这样的故事长大，如何信任其他女性呢？

女性的厌女症的形式与男性社交圈中的竞争截然不同。试问，当一位女性既要在男人的世界里坚持自我，又要应对其他女性的竞争，她如何培养自信呢？此外，女性的厌女症是迷思、是陈词滥调，还是现实？

女性的厌女症：是迷思还是现实

女性的战争

阿梅丽·诺冬曾写道："如果你想看看人类感情的糟粕是什么样的，那么不妨看看女性之间的关系。你会对如此强烈的虚伪、嫉妒、恶意和卑劣感到恐惧。"[1]长期以来，人们都认为女性之间的关系令人瞠目：她们互相嫉妒，互相批评，互相投以刻薄的评价。轶闻故事里，当人们邀请两位女性说出对彼此的真实想法时，她们最终会陷入一团混战，互相拆台，法语里"扯下了彼此的发髻"的俗语由此而来。这种故事衍生出的说法有些过时，反映出的现实在今天看来是可笑的，甚至是野蛮的。

这种竞争形式可以追溯到很早的时代，当时女性除了找到配偶没有其他的人生大事，因此她们身边最不起眼的女性同胞都可能被视作对手。大量文学作品中充斥着对女性嫉妒的描述，尤其是姐妹之间的妒忌关系，例如，莫里哀的戏剧作品《女学究》[2]中有如下对话。

阿耶芒德：克利唐德非常爱慕我，这是大家都知道的事实。

亨利埃特：是的，但这类爱慕对你来说不过是浮云空物，你不会堕落到这些俗不可耐的事情中去的，你的心永远放弃了婚姻，哲学就是你全部的爱情。你对克利唐德既然一点意思也没有，那么，别人若对他有心，这跟你又有什么相干呢？

---

[1] *Hygiène de l'assassin*, Albin Michel, 1992.

[2] Acte I, scène 1.

阿耶芒德：哲学这个理智控制肉欲的王国，并没有叫我们放弃他人的甜言蜜语和顶礼膜拜；我们可以拒绝一个有价值的人做丈夫，但我们还是愿意他跟在身后崇拜我们。

亨利埃特：我并不阻止他继续去崇拜，我只是接受了你拒绝后他才给我的那份情意。

《女学究》这部作品可追溯到 1672 年。幸运的是时代在前进，伦理道德也发生了改变，但某些心态、某些对话历久弥新。3 个世纪以后，风靡世界的美剧《老友记》中的主角们也被同样的姐妹间的竞争问题所困扰。在第六季第 13 集"和妹妹约会的人"中，瑞秋的妹妹来到纽约，想和瑞秋以前的情人罗斯约会。瑞秋完全无法想象自己的前男友和妹妹在一起的情景。"一个人不能前后约会两个姐妹"仿佛是个不言而喻且不可更改的潜规则。

女孩们都是"哈皮"吗

男性之间的友谊渗透进大众文化中的例子屡见不鲜。我们都知道《三个火枪手》[①]中达达尼昂著名的座右铭："人人为我，我为人人。"文学作品中，还有《人鼠之间》[②]中对乔治和莱尼的友谊的描绘，或是小说《美丽的约定》[③]中波

---

① Dumas A., éditions Baudry, 1844.

② Steinbeck J., Gallimard, 1939.

③ Alain-Fournier, Émile-Paul Frères, 1937.

西米亚人和主角的动人友情。电影作品里，我们则为《虎豹小霸王》[①]《三兄弟的中年危机》[②]《大象骗人》[③]或《男人的心思》[④] 所感动。

而要看到类似以女性友谊为主题的作品，我们则要等到电影《末路狂花》[⑤]或文学作品《狐火：一个少女帮的自白》[⑥]的出现。但真正令人印象深刻的反映女性之间情谊的作品是美剧《欲望都市》[⑦]，在2001年播出的第四季第1集中，四位女主角宣称互为彼此的灵魂伴侣："也许女性朋友们才是我们真正的灵魂伴侣，而男人不过是共度愉悦时光的对象。"

这部美剧之所以能席卷荧屏，不仅因为这是女性第一次在影视剧中公开谈论欲望和性，也不仅因为剧中呈现了她们无论多么迫切地追寻爱情仍能保持昂扬的自信心，更因为这部剧展现了一种令人着迷的女性友谊的形态。

---

① Roy Hill G., 1969.

② Sautet C., 1974.

③ Robert Y., 1976.

④ Esposito M., 2003.

⑤ Scott R., 1991.

⑥ Oates J. C., 1993.

⑦ Chroniques de Candice Bushnell dans le *New York Observer*, 1994 ; puis roman, Albin Michel, 2000.

《欲望都市》之所以能在女性观众中引起热烈反响，缘于它对女性友谊的重点描绘。这看起来似乎有悖常理，因为它似乎被认为是关于如何找到好男人的故事，但其实它以令人心潮澎湃的理想主义展示了女性之间如何以无条件的爱对待彼此。[①]

我们要追求的究竟是激情澎湃的理想主义、无可救药的乐观主义还是偶然随机的现实主义？友情和爱情的苦恼给我们带来同样的伤害。并非所有女性都如希腊神话中互相嫉妒的鹰身女妖"哈皮"，女性其实常常惦记彼此、珍视彼此、爱护彼此。

美剧《女孩我最大》的制片人莉娜·杜汉姆曾处于风口浪尖，因为她的作品再次加深了对女主角之间友谊脆弱的偏见。借其中一位角色之口，她斥责女性之间的友谊令人疲惫、充满自恋、无聊透顶。《女孩我最大》的最后一季就这样使"女生之间友谊虚假"的观念更加根深蒂固。一位英国记者分析了作品中这一思想的倒退。

美剧《女孩我最大》本可以成为展示女性友谊的重要机会：女性朋友在我们的人生中扮演着至关重要的角色，她们伴随我们经历成长的高潮和低谷，她们和我们的情谊

---

① Walter N. (auteure de *The New Feminism*), *The Guardian*, 29 janvier 2004.

随着岁月的流逝呈现不同的状态：高中时期的友情强烈紧密，20多岁和30多岁时的友情则更轻松，但仍然充满友爱。但《女孩我最大》不仅放弃歌颂女性友谊的美妙，反而呈现出严重的倒退，将女性的友谊再次嵌进最糟糕的刻板印象。片中的女性角色既自私又自恋，为了争夺男性，时刻准备将其他女性推下车。[1]

危险的攀比

事无巨细地与别人攀比是一种糟糕的习惯，它只会将一个人的自信心碾得粉碎。它释放的杂音或许孱弱细微，却带有极强的杀伤力。当我们将自己与他人进行比较时，不管彼时自己正身处人生的巅峰或低谷，攀比要么会使我们产生不健康的价值感，觉得"我比……更好"，要么产生嫉妒心，导致自我贬低。大多数时候，攀比还会导致个体产生不良的情绪。它在我们和他人之间划清界限，致使我们陷入孤立状态。在这个过程中，它还用一些虚伪的想法"安慰"我们，比如"我这件事做得比她好得多""她是个不善于打扮的人"。更多的时候我们贬低自己，其实归根结底，我们不过是把对自我的负面批评转移到别人身上，比如"大家一定觉得我没什么有意思的话可说"或"我长得

---

① "You're a Bad Friend", *The Guardian*, 14 avril 2017.

真丑"。

　　让那些从未将自己与他人进行攀比的女性向我们掷来第一块石头吧！但事实上，大多数人难以理直气壮地掷出石块。我们熟悉这样的情境：在一个晚会上，你注意到一位符合男性审美标准的漂亮女性，你的男朋友也多看了她几眼，攀比的毒瘤马上在你脑中蔓延……

3 种克服攀比心态的方法

　　（1）与其将自己与他人攀比，不如成为自己的好朋友，和自己建立深厚的友谊。如果想为朋友着想，那就要友善地对待她。虽然对她有高要求，但这些高要求总应满怀柔情。

　　（2）用友善的话语和自己交谈，原谅自己，尽力而为，认可自己的长处和优点，不要自我伤害。

　　（3）和钦慕自己的人交朋友，你知道他们不会对你评头论足，恰恰相反，他们会用友善的眼光看待你。与此相反，与那些让你自我怀疑的人保持距离。

下面来听听玛琳的故事。

　　玛琳现年 29 岁，是一名计算机科学家。婚前，她从未真正在意自己的相貌。她身高 1.75 米，身材高大，扎一头棕色马尾辫，双目炯炯有神。她对时尚潮流兴趣平平，自大学开始就一直穿着制服、牛仔裤和衬衫。她爱上了同是计算机科学家的维克多，很快，两人就同居并结婚了。维克多的妹妹总是忍不住批评玛琳。

"她总是不断评价我的外表，说我的风格过于随意，缺乏女人味。她还指责我的妆容不够精致、不穿高跟鞋，以及我的身材在她看来太'丰满'了。在她的不停灌输下，我开始觉得自己身材肥胖，于是开始节食，过度运动。她面容憔悴，有厌食症，却想给我营养建议。出于礼貌，我听从她的指教，但总尽可能避免和她见面。当维克多不在的时候，她就会变得聒噪烦人。我4岁的女儿同样遭受着她的指摘。我难以忍受，和她摊牌了。维克多也进行干涉，警告她如果想继续见我们的女儿的话，就必须停止无休止的批评。最终，我花了5年时间摆脱她挑剔的目光。虽然经常有不得不见到她的场合，但我会有选择性地刻意忽视她。不过，当她靠近我的女儿时，我就会提高警惕。我的丈夫始终站在我这边，一直如此。"

维克多的妹妹性格急躁，她将自己的不安投射到嫂子玛琳身上，导致玛琳开始带有偏见地审视自己。这无疑也会使玛琳用同样刻薄的眼光去看待其他女性。不与他人攀比是重要的人生智慧，它使我们免受挫折和虚假的人际关系的困扰。所幸，生活中总会有一些使我们充满自信的朋友，但在职场中呢？

职场女性

不要暴露脆弱

60 岁的退休女性安妮向我们讲述了她的故事。

我在职场上经常和女性领导或同事产生摩擦。我的第一次糟糕经历发生在 27 岁那年，当时我就职于巴黎的一家广告公司，担任项目经理，负责向客户总监报告工作。当时的客户总监是一位美丽优雅但令人心生畏惧的上司。后来我明白了，当身处高位的女上司们感觉你性格软弱时，她们就会肆意压榨你。在我的职场经历中，几乎不存在什么女性之间的团结，首先因为广告行业竞争激烈，其次因为如果你没什么自信的话，你会被自己的工作任务压垮，而我正是一个缺乏自信的职场新人。比如，向上级提出广告计划建议时，如果你没有展开详述，不够坚定或是说话时战战兢兢，领导就会开始怀疑你的能力。我记得当时有的同事只会卖弄口舌，但就因为展现了一副胸有成竹的样子，很容易就得到了上级的肯定。当时我的女上级想保住自己的职位和权力，认为我这种性格脆弱的人不利于团队发展，特别是在她看来，从事广告业是很需要人会耍嘴皮子功夫的，但我是那种会任由别人压榨，直到救世主出现的人。这段经历并没有让我吸取足够的教训。

后来，我又和另一位女性共事，但还没等到冲突发生，我就很快辞职了。之后的多年职场互动中我总是重蹈覆辙。在上一段职场经历中，共事的女上级对我很器重。她是一位有权有势的企业家。这份工作我做了7年之久，但我又一次犯了立场不够坚定的大错——当她开始贬低我的劳动成果时，我就辞职离开了。之前可能因为想保住工作、完成任务，我的立场不够坚定。但我确实总是担心丢掉饭碗，这是我最大的顾虑，这显然和我从父母那儿耳濡目染获得的家庭教育有关系。

安妮缺乏自信的原因很大程度上源自她接受的教育。被连根拔起的家族史导致她身份认同的丧失，使她变得脆弱，更使她无意识地像海绵一样将耻辱感照单全收。众多复杂的因素交织在一起，使她寻找自我的路径模糊难觅。

我出生的家庭和社会环境并不利于培养自信。当时我的家庭条件不好，4岁时我卷入了动荡不定的生活中。我的父母都身处困境：父亲体质孱弱，经常生病，我觉得人们经常抱怨母亲柔弱，但拥有一位顶天立地的坚强父亲是很重要的；而我的母亲专制蛮横，在她"你哪里会有能力……"的重复唠叨下，我做一切事情都畏首畏尾。自童年时起就没有任何人给我带来力量，父亲没有，母亲也没有。毋庸置疑的是，母亲比父亲更强悍的事实影响了之后我和其他女性之间的关系。我当时充满了懊悔、遗憾，但又束手无策，不知道该如何改变自己的境况。我们一家当时住在法国外省，我 17 岁就高中毕业，在这个年龄就上大学实在是太疯狂了，这又是我母亲的错。

幸运的是，我攻读的学位与我的志趣相符，即使这并非我的选择——又一次，我任由自己被母亲牵着鼻子走。我的故事反映了家庭在人的一生中扮演的重要角色。父母本应当引导你进步，但有时他们会反过来限制你的发展。

50 岁的时候我开始咨询心理医生，但我认为这个年龄才意识到要看医生太晚了，我本该更早地和家庭的影响划清界限。

虽然我有过糟糕的人生经历，但现在回想起来，我觉得女人之间的相处挺和睦的，有时候是我自己犯了错误。我想，女性应当学会如何与对方沟通。我真心觉得在职场上能和女性共事是很有益处的经历，虽然自己和男性之间不存在直接竞争，我不会总想方设法地要超越他们，和他们合作会更轻松。

安妮的母亲非但没有鼓励女儿，培养女儿的勇气和胆量，反而将自己的观念和恐惧传递给了女儿。安妮的母亲是否也缺乏自信？无论安妮从父亲那边还是从母亲那边都无法汲取力量，羞耻感和匮乏感就这样在她身上萌芽，表现为她后来经常采用的鸵鸟策略，导致她总是无法坚持自我，也无法听从自己内心的声音。尽管如此，安妮在结尾处还是对女性做出了积极评价，这反映了她对父母角色的某种释怀。

竞争和对抗

作为一位作者和性别研究教授，苏珊·夏皮罗·巴拉什致力于探讨如何区分竞争关系和敌对关系。

在竞争中，人们能够意识到自己的价值，并能在与对手的关系中衡量自身的技能和实力。这一点无论男女皆是如此。敌对关系的基础不建立在实力之上，而建立在被另一位女性超越的恐惧之上，无论情感领域还是工作领域。敌对关系常是暧昧不清的，甚至因为它常常源于无意识，所以更容易潜入人心……当一个女人爬到最高层时，由于她在上升过程中已经克服了太多阻碍，以至于她只想做一群高层男性领导者中唯一的女性，独享所有可供支配的权力以及和男性之间的勾引关系。[1]

作者还警告我们要小心自己的不良倾向："每当我们为

---

[1] Shapiro Barash S., *Tripping the Prom Queen*, St Martin's Griffin, 2006, repris sur Marieclaire.fr.

一个有权势的女人的倒下而弹冠相庆时，这等于是在给自己释放信号：权力是个坏东西，我们不应该渴望它。"而事实上，这种行为和想法将使女性的自信愈加匮乏。这也就是 20 世纪 70 年代密歇根大学一项引起社会热议的研究中指出的"蜂后综合征"。这一研究指出，在人类社会中，"蜂后"通过排挤其他女性，从而在"蜂巢"中享受独一无二的特权。但事实上，这种情况并不是"蜂后"想让其他女性同自己一样受苦受难，并不是来自她们的支配欲，也并不是由于她们害怕失去立足之地，这种情况其实反映了一些公司仍然存在双重标准：当一个女人像男人一样底气十足时，她会被指责为目中无人；男人可以坦然地声称自己是女权主义者，但自称女权主义者的女人则会被指责为过于激进的"女权斗士"，甚至被扣上歇斯底里的帽子。

理财教练（Fincoach）的创始人兼总裁费德莉克·卡拉威尔也曾亲历这种公司高层的竞争。

各个领域能上升到金字塔顶端的女性很少，政治领域可能是个例外。这得益于 2011 年相关法律的颁布，董事会中女性比例明显提高，但很少有女性能够真正参与公司重要的运营结构决策，而少数爬到金字塔顶端的女性常被迫照搬男性使用的伎俩。在资本投资界，我遇到过一两个女性，她们都是牺牲了个人生活才进入了决策层的位置。而且她们认为只要能够成功,其他女性和她们一样为此受苦是正常的。另外一些女性则有包容的智慧,比如克里斯蒂娜·拉加德,我认识她的时候,她已经是一个影响力甚大的总裁了,她热诚地为我们当时的一个项目提供帮助。而许多牺牲了个人生活的女性往往对其他女性并不友善,这就是为什么平衡个人生活和职场生活如此重要。

克洛伊今年26岁,在一家大型数字营销公司工作。作为年轻的职场新人,她第一次为工作中女性同事对待彼此的态度感到震惊。

在公司里,当我和其他女同事一起工作时,大多数时候我们总能组成富有凝聚力的团队:队员之间频繁沟通,并且互相体恤、理解彼此。比如说,如果有人正处在困难时期,我们就会在她需要的时候尽心尽力地帮助她。受公司氛围的影响,我们工作十分努力,但公司的安排也比较灵活,如果我们愿意的话,也可以在家办公。在团队中,我们谈论彼此的男朋友,谈论我们在生活中遇到的事情,不会猜疑对方是否会把交谈内容传出去。我的女老板是个工作狂,虽然她的要求很高,但她一直待我很好,出现什么问题都会支持我。我知道自己不能让她失望,没有什么犯错空间,但她教会了我许多。

这种工作状态在与某大型跨国甲方公司的合作中被打

破了。甲方客户固然对我们有一定的要求，毕竟是客户付给我们酬劳，也是客户决定合作关系的走向和我任职的数字营销公司的未来。但巧的是，甲方公司的团队也完全由女性组成，她们一共有五个人，是各个部门的负责人。她们的年龄大多在 40 到 50 岁之间，还有两位资历较浅的员工，我们和那两位年轻员工没有什么工作上的交涉。

甲方公司的女性员工处于这种权力位置，这让我们公司的女同事们日子很不好过，因为团队感消失了。一开始我很震惊，不仅因为这是我第一份身负重任的工作——我是经理助理，直接负责这个大客户，还因为我没有想到建立如此困难的合作关系的，会是团队成员全为女性的甲方公司。我当时太天真了。

甲方客户不停向我们指出我们做的工作还不够好，她们规定着难以交付工作的截止日期，丢下相当消极的评价。当我们按时交付工作时，却永远得不到她们的认可。从来没有。她们的评论里不出现贬义词的话都可以被我们视为满意的评价了。这感觉十分别扭，我觉得彼此之间的合作氛围中缺乏信任，我不得不在所有的交流往来中保持警惕。我发送的每一封邮件都要抄送给其他每一个人，即使是一些没有重要信息的邮件回复。我仿佛有了"妄想症"，不得不采取一种圆滑的态度，好让她们觉得我的措辞不会受情绪影响。久而久之，我觉得自己仿佛成了一个机器人。

我觉得她们是想成为富有领袖气质的"阿尔法女孩"[①]，她们以为这将使她们看起来更有威严和存在感。当时我以为会在与她们的合作中体验到女性之间更强的凝聚力。我想，也许由于我们都是女人，会更友善赤诚地对待彼此……结果大错特错。我在同她们的合作中体验到更多的反而是钩心斗角。我觉得她们的工作不过是为了策略性地推进各自的事业，仅此而已。这就是我的个人感受。

我现在直接合作的另一位甲方客户，虽然规模较小，但所占市场份额很大。是一支完全由男性组成的团队。固然，合作氛围并不让人如沐春风，有时甚至有些突兀，但与他们的沟通坦诚直接，虽然有时会让我对工作有些担忧，但这种担忧不会使我丧失信心。我们之间的权力关系也大不相同，我觉得他们不太会对我耍阴招或者在我背后说三道四。和客户高层们在一起，就像在跳一场大家都参与其中的舞蹈，关于要说什么，怎么说，每个人都会清晰地亮出自己的底牌，保护自己的利益。

我想，如果我们的团队中有一位男性，那么无论对我们公司来说，还是对团队中皆是女性的对方客户来说，我们之间的权力关系将发生变化，工作的动态平衡也会改变。

---

① 即 Alpha Girl，指许多方面的能力和表现都在同龄男性之上的年轻女性。——编者注

我的理论是，因为这些位高权重的女性都在事业上取得了很高的成就，她们就无可避免地陷入了彼此争战的状态。作为能取得如此优异成绩的少数人群中的一部分，她们通过采取一种持续的防卫机制维护自己的权力、稳固自己的地位。她们既不愿付出努力协调配合，也不愿以团队成员的身份合作。或许因为她们从未接受过来自其他女性的帮助，所以她们也没想过帮助其他女性完成工作。对我来说，即使我意识到抵达了某种权力高峰的她们可以从此参与公司的重要决策，但她们的成就并不让我觉得鼓舞人心。尽管如此，我还是愿意保持乐观态度，毕竟那只不过是我第一次接触一个大集团，是我的职场初体验，以及我在那次合作中的共事者恰好只有女性。人生道路还很漫长，我相信自己会遇到在职场环境中力争上游而不陷入盲目竞争的真正强大的女性榜样。时代在变化，我们也在变化！我对此仍然充满信心。

克洛伊充满能量和活力，正处于她职场的曙光期。她的经历有着双重性：一方面，在她任职的数字营销公司内部，协作和互助是工作中不可或缺的一部分，每个人都应团结在一起，向着客户定下的目标前进；另一方面，在和甲方觥筹交错间，她面对的是大集团客户的高层管理人员，而后者有一套截然不同的行为方式，她们富有权威的肢体语言和态度都让克洛伊始料未及。因此在与甲方女性团队的交流中，她难免会不自觉地用一种带有个人观点的视角去感受与客户之间的沟通和会议。克洛伊觉得甲方客户难缠又专制、不温柔。在这一点上，她加入了对女性担任领导职务进行负面评价的人的行列。"她们没人爱""她们不符合社会标准""她们没有提供支持和鼓励"……正如克洛伊感受到的那样，这些高龄的、富有经验的高层女性不得不与性别障碍抗争，而且，很多时候，她们要加倍努力地证明自己的实力和价值。在"成为一个受欢迎的女性"和"成为一个有能力的女性"之间，她们选择了后者，这是对不同性别贯彻双重标准的最佳例子。这种代际冲突凸显了过时的二元对立观点，这种二元对立观点仍然束缚着女性，无论她们年轻或年老。

女性领导力的矛盾性

展现自信、坚持自我、不需要太担心别人，是男性一贯追求的人生态度。而女性，她们不得不在采用这种人生态度时添加"一定剂量的柔顺剂"，否则她们的行为就会受到谴责。鉴于女性仍身处一个由男性主导的世界，她们与权力、与领导力的关系常被置于性别化的滤镜下，并反映在她们看待彼此的充满矛盾的评价中。自信的女性不胜枚举，她们都力争上游，态度坚定而直接，懂得采用彰显权威的动作，如抬头挺胸、全神贯注、敞开肩膀、姿态稳重，等等，但她们往往因为害怕被拒绝和被视为傲慢而自我抑制，甚至要付出被认为不适合担任管理职务的代价。

一个人对成功和自我肯定带有自卑情结的话，常常会遭遇惩罚性的经历，最终使个人信心逐渐缺失。像母亲、祖母和曾祖母一样，被教育着要"待在自己的位置""要有礼貌""先人后己"……这些规训都使当代女性继续承受着持续了几个世纪的自我怀疑，导致她们的生活更加艰难。这也是为什么女性领导总是会面临各种自相矛盾的评判，比如"她们太专横了""她们太温和了"，这让她们永远找不到立足之地。

这与英美人类学家、心理学家和认识论者格雷戈里·贝特森在心理学中引入的"双重约束"概念相呼应。"双重约束"指的是自相矛盾的规训，其表现形式如下："如果你做了这件事，那你就该死；如果你没做这件事，那你也该死。"听听，这不就是我们刚提到的"她们太专横了""她们太温和了"……

掌权女性的模范效应

纵然在女性领导手下工作使一些女性缺乏自信，但我们应当看到，担任企业家、高级经理人或集团总裁的女性会成为一种示范，鼓励其他女性相信自己、找到自己的前进方向。女性在关键岗位上任职会像一个强有力的印记，间接验证了其他女性同样可以志存高远、取得成功。女性应当培养的"勇敢"的行为习惯，如协商薪资、要求升职和在会议上发言等，都是由许多富有创新精神、能激励人心的女性榜样开创的。这些例子证明培养领导力与鼓励合作并不冲突。启迪和鼓舞人心的女性与日俱增，对此我们只需要提到两个品牌，这两个品牌常被认为是男性的"堡垒"，但品牌方下了赌注，把赌注押在女性领导者身上：阿斯顿·马丁任命劳拉·施瓦布担任美洲业务总裁，喜力则任命了首位女 CEO——玛吉·蒂莫尼。

对作家丽贝卡·索尔尼特来说，开始重新书写故事是改变周遭环境的关键。它将女性从自我限制的叙事中解放出来。在最新著作中，[①]丽贝卡重新书写了一个家喻户晓的关于女性竞争的故事：灰姑娘和她同父异母的姐妹。作者在尊重她们各自价值的前提下，把她们从诱惑男性和争夺权力的议题中解放出来，使作品中的"新生命"不再受命运的摆弄。人物丰富充实的人生更是对生活进行了全新的定义。人物的人生志向发生了改变，每个人都可以在人间大舞台上找到一席之地。作家丽贝卡·索尔尼特像童话故事里的仙女，轻轻一挥魔法棒，打破了令人窒息的关于女

---

① *Cinderella Liberator*, Haymarket Books, 2019.

性竞争的刻板印象。

现在让我们来认识一下 50 岁的伊莎贝拉，她毕业于巴黎政治学院，在奢侈品行业担任高级品牌经理。在她的职场经历中，向她发起竞争挑战的是一位缺乏自信的女上司。

在职业生涯中经历的女性竞争的问题中，尤其让我印象深刻的是在伦敦的经历。当时一位公司总监提出安排我就职伦敦的岗位，但她随后意识到自己的经验不如我丰富，于是便想方设法要解雇我。她觉得自己的地位受到了威胁，认为我的风头会盖过她、终有一天会抢走她的工作……但我对她的职位绝没有任何非分之想。我当时已经明确表示不想离开英国，但她千方百计地给我使绊子、怂恿我辞职。在持续 3 年的"努力"后，她终于得逞了。

在最初的 6 个月内，当她得知管理层对我的运营能力和业绩表示赞赏时，她就通过新上任的欧洲和中东区域总监，间接给我施加压力。她将任务指派给这位总监，并在他面前讲述另一套"事实"。由于新总监对我一无所知，她便可以随心所欲地将各种关于我的闲话灌入他的脑中，暗示他："要让她离开，就看你的了，因为你已经成了她的顶头上司。"她同时用一个时长为 3 个月的"重新培训"计划来搪塞我、贬低我……但这位新上司决定对我的工作进行审计。他随之意识到我的管理没有任何问题，同时看穿了这位女总监的把戏。我得以平静度过接下来的 2 年。

可惜的是，后来他离开了公司，而女总监被提拔到一个职权更高的位置。又一次，她和新总监在幕后捣鼓着排挤我的计划，仍然用同样的问题和不满来指控我。因为她和这位新总监不在一个层级上，所以能够对他施加一定的影响。在她的第二次"进攻"中，因为她的"棋子"是我的顶头上司，所以我很难公开为自己辩护。

她的不自信显然严重地干扰了我。她并非仰仗着自己的才干，而是通过钩心斗角的方式得到了提拔。她这些小心思好几次都表露无遗，她总是招募一些能力平庸的员工，好让她成为唯一一个闪闪发光的核心人物。而我和她的想法完全不同，我总希望将优秀的能人干将纳入团队。

我想一个男性是不会像她一样无休止地闹腾的，他若心有不满，往往会直接发起正面冲突。而她则是等待最佳时机好来陷害我、报复我。男性也会感到自己的位置受到了威胁，但我观察到他们的对策很不同，他们往往更直接地应对危机。

最近我有一段与之截然相反的经历。我与一位优秀的女总裁共事。一开始我摸不太清她的脾性。当她不同意时，会大喊大叫。虽然我不一定百分之百地信任她，但她能够虚心接受批评，没有装腔作势的一面，更不会在背后插刀子。她富有智慧，为人正直，善于倾听和判断。她明白自己的考虑中可能有疏漏，于是坦然地提出来共同讨论。在工作层面，她对自己有足够的信心，不会受自我怀疑的困扰。尽管作为一个女性，她坦率直接的表达方式乍一看让人有些困惑，但我非常欣赏。事实上，这让她拥有了一种我在其他女性身上不常看到的自洽，这在我所处的行业中非常难得。

伊莎贝拉对克服职场挑战的建议

（1）做技能评估

重拾自信的一个好办法就是在度过 15 年的职业生涯后，对自己的技能进行总结评估。职场技能评估能让你看清自己所处的位置，更客观地认识自己从事的工作，并能自豪地对自己总结道："终于，我完成了一切！真不错！"我们往往没有意识到技能总结评估的作用，其实，它能帮助我们进行自我定位，重拾信心并认可自己的技能水平。

（2）担任帮助他人进步的导师

我在职业生涯中会担当辅导职场新人的导师——并不一定要辅导女性，我不在乎自己的学员是男性还是女性，令我感兴趣的是这个人的综合品质。只要遇到有潜力的年轻人，我就会努力敦促他们进步。身处奢侈品行业，我得以与很多年轻女性进行沟通交流，我乐意给予她们机会，帮助她们进步，为她们的成功欣喜。我知道，多年后她们将感谢我帮助她们将事业的起点定得更高、帮助她们增强了信心，这于我而言是极大的快乐，也为我的职业赋予了意义。

在男性众多的社交圈里，女性特征常常被污名化，并成为受歧视的原因。当一位女性讲话音调较高时，她就更受非议。历史学家克里斯蒂娜·巴德举了法国政治家塞格林·罗雅尔的例子。为了降低说话音调，塞格林一直在接受专家的训练治疗。在潜规则中，仿佛一切女性特质都要被排除在权力的场域之外，仿佛一位女性必须彻底抹除自己女性化的一面，才能占有一席之地。

当下的社会语境中对女性如何自我表达已经很苛刻，而如果女性在语调、穿衣打扮等方面呈现女性化，这一社会语境就会对她们更加不利。破坏女性自信的巧妙方式莫过于不断谈论她们女性化的一面，比如她们的女性特质、她们的声音……总之，任何可以转移人们对她们技能的关注，并以此质疑她们能力的事物都可以巧妙地破坏女性的自信。尽管如此，克里斯蒂娜·巴德认为女性之间的关系还是比较温和的。

要做的工作还有很多，但我发现已经存在许多女性之间培养团结互助关系的联谊会及各种正式或非正式的团体协会。不管是在纯粹的朋友之间，还是在以组织联谊会为目的的女性协会中，有很多女性在遇到困难的时候会聚在一起互相帮助，互相倾听。有很多女性通过组织社团活动保持社交活力，"团结交流协会"就是一个很好的例子。

女性敌对关系的起源

母女关系：女性敌对的起源

当一位女性在与女上司共事时问题迭出，如果不是因为这位女性能力不足，那么便有诸多可能的原因：或者纯粹就是和上级的关系不合；或是像安妮一样，有着深植于童年的原因，等等。母女关系往往是复杂、矛盾的：女儿可能会觉得自己被母亲的模范、被她的权威或她的成功所压垮。女儿一生的奋斗目标可能就是找到自己的位置，与母亲保持适当的距离，做出自己的独立选择。《女性的职场竞争》①一书的作者安妮克·乌也观察总结道："一个女性与女上司的职场关系常常是她与母亲的关系的折射。在职场上，很多女性都排斥女上司，因为后者使她们想起无所不能的母亲的古板形象。她们可以忍受男上司的一些作为，

---

① Odile Jacob, 2014.

却不能忍受女上司也这么做。她们常说，一旦发生矛盾冲突，她们就会找男同事'避难'，因为这是更简单的解决方法。"①

对男性法则的内化

另一种解释同样是从社会历史的角度出发的。女性竞争的问题首先是一个习惯和形象的问题。男性在工作中的竞争是被普遍接受的、常态化的，几乎被视为健康良性的；而女性之间的竞争则常被污名化。这就又让人想起法语里"扯下了彼此的发髻"这一俗语。

此外，必须承认，有些女性完全缺乏与其他女性同事公平竞争的规则意识。为何如此？因为女性常常认为，为了融入男性化的职场层级，自己必须采用更加男性化的行为准则。在商界，她们不自觉地内化这套准则，导致了她们与其他女性争执不断的局面。在男尊女卑的社会风气中，女性在遭受了数百年的偏见后，就这样将厌女症的一套表现内化为仿佛逻辑十足的事实。为了不被认为"软弱"或"卑下"，她们有时会表现得更加阳刚，通过这种方式得以和男性站在同一个队列，被共同视为强者。潜移默化地，她们就这样模仿着男性的厌女症，挪用这套观念，有时甚至走向极端。

---

① Marieclaire.fr

研究劳工问题的社会学家丹妮尔·科尔高的学术文章也指出了这一点。

男性主导的观念在女性心中根深蒂固，导致她们往往会对自身产生较低的评价。作为被贬低的、满是缺点的性别，她们往往会否定自己。[1]因此，女性的厌女症可以被视为一种自我防御机制。总而言之，不同性别的厌女症要这样来理解："女性的厌女症是对自我的蔑视，而男性的厌女症则是对另一种性别的蔑视。"[2]

在不必假装谦虚、不必改变自身音色或女性特质的前提下，女性该如何认真对待自己内心的声音？正如我们可以从上文总结出，自信来自于坦诚地与真实的自我面对面。女性不必铆足了劲模仿男人，也不必摆出阳刚的姿态，甚至从严格意义上来说，不必刻意强调不同性别之间的差异。女性要通过认识自己，尽可能地忠诚于真实的自我，全然尊重自己。

女性团结的时代

马丁妮·阿布是搭建女性互助网络的主心骨。她创办

---

[1] Ibid.

[2] Gargam A. et Lançon B., *Une histoire de la misogynie*, Arkhe, 2013.

的"Wimadame"旨在成为"女性企业家不可或缺的人际关系网络平台"，它既是一个拓展人际关系的工具，也是一个推动女性创业的数字媒体。对马丁妮·阿布来说，建立女性之间团结互助的网络势在必行，而且还有很长的路要走。为了写作这本书，我们主动联系了她，对她的工作进行了采访。

男性总是非常积极地搭建人际关系，比如约着一起去看足球比赛或去小酒馆聊天畅饮；而女性长期以来局限于家庭内部，发展空间仅限于在狭小的亲属小圈子里。女性应当迎头赶上，像男性一样建立兄弟帮一般的情谊。她们需要有这么一个空间，可以打破孤立的状态，聚集在一起，交流分享自己的职场经历和创业经验。今天，法国共有500多个人际关系网络平台。[1]我想，如果只有两个女人彼此竞争，她们可能会互相争夺，极力保住各自的权力。但如果同时有五六位女性参与，她们就可以建立一支团结的队伍。我不希望大家将这种女性社交方式理想化，毕竟要做的工作还有很多，但聚沙成塔，理想的平台一定会建成，只是时间问题而已。过去几十年来得益于互联网，管理方式发生了很大的变化。

当今的人际关系网络反映了人们对自主性的追求和对

---

[1]　Capital.fr, 8 août 2018.

自我表达的渴望：生活是由各种美好的相识构成的。我身上总是洋溢着某种行动主义者的热情，我想推行许多项目、想成为女儿们的榜样，以便她们毕业后、在求职过程中不必受性别刻板印象的影响。我把这个想法告诉了一个在招聘公司工作的优秀朋友，她随即邀请我参加2000年在多维尔举行的女性论坛。论坛吸引了来自世界各地的参与者。我在一个名为"女性力量"的、帮助女性创办企业的优质人际关系网络平台上认识了许多女性。我感受到了女性们的觉醒，感受到一股新的社会潮流正在形成，当下来了灵感。

临走时，我给朋友们打了电话，告诉他们我的想法"我的梦想是为缺乏人际关系网络的女性搭建一个满足她们需求的平台。"我当时的想法可能很天真，但我深信，当女性的生活得到改善，男性的生活也将得到改善。一切都在于达成一个平衡的状态。确定了这个想法后，我召集了一群女性朋友和男性朋友一起将它付诸实践。我曾有一本用于搭建人际关系圈的通信录，但它是一本纸质笔记本，而不是线上的互联网平台。于是我通过设立一个欧洲范围内的比赛奖项，引起了一些关注。2001年，Wimadame就这样诞生了。随后我参与了互联网方面的培训，推动女性通过特定的讨论主题相聚在一起，搭建沟通的桥梁。思想是用来分享的，我想成为一个促进分享的媒介，让那些缺乏人际关系网络但有珍贵观点的女性企业家、在互联网公司工作的女性和各种有才华的女性各抒己见，以此创造一种线上虚拟的团结形式。逐渐地，Wimadame 就这样成为一个为女性提供发声空间的平台，并且希望在自主赋权、职业生活平衡和培养自信这三方面帮助女性。

结论

我们将在第十章讨论更多的女性榜样。在开启这一章之前，各位切记千万不要活在内疚中！由于人们总是对女性提出更多要求，包括各种自相矛盾的规训："像男性一样自我肯定""要保留女性特有的温柔气质"……这常会让女性觉得自己总没能完成任务。

在内心深处，女性害怕自己即将承受的社会评判。一个充满能量的年轻女性进入职场后，要如何应对这类无解的问题呢？当其他女性因你的存在感到受威胁时，你要怎么保持自信呢？

正如我们所看到的，厌女症不仅仅是男人的问题，女性同样会有厌女症。有些女性之所以讨厌其他女性，是因为自信匮乏使她们容易陷入无休止的比较中，生怕自己不再是最受欢迎的人。这种心态在爱情中表现为嫉妒，在职场中表现为滥用权力、对待他人刁钻蛮横。19 世纪法国作家德尔芬·德吉哈丁热衷组织文学沙龙，文学家巴尔扎克、雨果、拉马丁都常是她的座上宾。作为这样一位社交名流，她也曾写下："赞美一个女人只有一种方法，那就是多说她竞争对手的坏话。"这种对于女性的看法是多么可悲啊！

我们需要打破各种迷思和陈旧观念，不要再把女性局限在私人领域中诱惑者、美人或和其他女性敌对的角色中，也不要再把女性局限在职业领域的"哈皮"或母职角色中。我们应当努力建立一种女性之间可以联谊的人际关系网络。当然，这一人际关系网络的立足点并不在于性别角色，因为女性的能力和她的性别并无关系，而应当像我们考量男性一样，综合考虑女性各方面的能力。

正如女权活动家格洛丽亚·斯泰纳姆所说："我们需要建立不同形态的家庭，建立相互支持的女性团体，让女性可以定期交谈，可以彼此倾诉自己的真实想法和经历，并在其中感受到自己并不孤单。这将带来巨大的改变。"

改善女性关系的 4 个建议

（1）不要期待女性必须更友善、更温柔、更善于倾听。

（2）加入公司内外旨在搭建女性人际关系网络的见面会，分享经验，互相倾诉，从其他优秀女性的指导中受益。

（3）充分了解你想入职的公司的文化以及它提供的培养女性领导力的项目。

（4）注意自己对"胸有成竹"的女性的负面看法，甚至是过于极端的态度，扪心自问：如果她是一位男性，你会给出同样的反馈吗？通过这种方式反思，把自己从偏见中解放，以开放的心态与其他女性分享。

第八章

伴侣关系中的自信心

循规蹈矩的结果是全世界都爱你，

除了你自己。

丽塔·梅·布朗

　　冒充者综合征并不只局限在职业范围，它同样会入侵私人领域，破坏伴侣关系。如果一个人总在得到重要的会晤或升职机会时忐忑不安，或是被置于聚光灯下，崭露头角时，她担心的却是"致命"的一刻要到来了，而自己将露出马脚……怀着这种心态，她身处的爱情关系大概很快会变成危险关系！

　　变成危险关系的原因是：当女性被自我内化的疑虑所阻碍，受担心被"揭穿"的心态困扰，被自己不值得美好感情的想法所牵制，这股暗中涌动的疑虑将导致她们亲手破坏一段本可以发生的美好爱情故事。当她们一感觉恋情发展走势良好时，就会做出"自己不值得"的判断，她们还会生出自己配不上伴侣的自卑情结，并暗想对方很快将意识到这段感情是个错误、随后会选择分手的担忧……这些都是冒充者综合征的典型症状，反映出女性的自信匮乏。

　　许多女性都曾在恋爱之初或在恋爱中的某些时刻没有自信，但如果这种怀疑持续存在，并导致原本身处一段理想关系中的自己做出破坏这段关系的行为时，她就应该有所行动，找出问题的症结——错误的自我认识，并开始想方设法地摆脱它。

危险关系

在阿梅丽·诺冬的《反克里斯塔》一书中，布兰奇是一个 16 岁的女孩，她异常自卑、缺乏存在感，且对自己缺乏自信。而学校里最受欢迎的、最光彩夺目的女孩克里斯塔却将目光投向她，想和她成为朋友……这使布兰奇暗自欢喜。不幸的是，在和克里斯塔相处后，布兰奇发现这位表面像天使一般的女孩背地里会变成一个操纵她的魔鬼，阴暗狠毒又道貌岸然。"外人看来，我的存在就是一个毫无自我的傀儡；而在我看来，她就像一间展示着大量浮夸藏书的公寓，他人对她的羡慕或妒忌非但不会困扰她，反而是她赖以生存的养分。"

对自己缺乏自信时，无论在友情还是在爱情中，他人展现出的进一步了解的兴趣反而会让我们惊慌失措，尤其当对方是一位自信满满之人时。而当我们的惊讶情绪消退后，会发生什么呢？当我们不爱自己的时候，当我们不认为自己能符合对方期待的时候，当我们不断贬低自己的时候……我们还有爱人的能力吗？

我爱你，但我恨我自己

35 岁的卡拉是一位美丽的意大利女人，她和同龄的丈夫朱尔斯刚刚庆祝了结婚十周年纪念日。她的丈夫是一位企业家，他们共同养育着两个孩子。

我老公又帅又聪明，这让我一直感觉很自卑，而且……其实我非常嫉妒他，他无可指摘，值得所有的爱——他既是一位完美的丈夫，也是一位称职的父亲。我没有什么好抱怨的。在我们结婚之初，其他女人看他的眼神让我抓狂。于是，我开始做一些偷偷摸摸、很不道德的事情：我想把他喂胖。我总是煮他最喜欢的面食，在里面多加油，或准备大块的提拉米苏蛋糕给他吃。看到他的小肚子出现时，我高兴极了。此外，我从未邀请任何漂亮的女孩到家里；我定期去他的公司"视察"女性员工的长相；聘请保姆时，我甚至会大费周章地展开一轮"试镜"，来选出最……丑的保姆。我实在太疯狂了！今天我回想起来感到十分惭愧，但我之所以可以坦然地面对这段过往，是因为我进行了辅导治疗后已经不再抱着那种病态心理了。我重新投入自己美食评论家的工作中，也不再监视丈夫的一举一动了。我也不再做过度丰盛的饭菜了。现在我丈夫的身材变得像以前那样修长健美，但我已经不再那么害怕失去他了……

如果不治疗冒充者综合征，情况将不会有任何好转。显然，卡拉嫁给了一个完美的丈夫，而这只助长了她的自卑感和自我怀疑。她应当如何管理自己的情绪？又应当如何面对自己和其他女人攀比时的不自信呢？当时卡拉并没有选择倾诉自己的抑郁或嫉妒，而是试图"控制"自己的丈夫，希望他变丑后永远留在她身边，并以此自我欺骗、缓解自己对被抛弃的恐惧。这是一种完全不合理的策略。幸运的是，随着岁月的流逝，她渐渐与自己和解，并在心理治疗的帮助下重获自信。

患者与她的药物

有时候，伴侣仿佛一位疗愈者，似乎可以治愈我们自信匮乏的问题，但这是一位伴侣理应承担的角色吗？他有能力承担这样的角色吗？露易丝花了很长时间才意识到，丈夫并不是解决她自信匮乏问题的治疗师。

我们常听到诸如"爱自己是终生浪漫的开始"之类的话。要爱自己？真的吗？但当你还没有亲身经历的时候，你是无法理解这些句子的意思的，它们对你而言只是空洞的短语。当我年轻的时候，我为自己存在于这个世界而快乐，生活对我来说是美妙无比的乐土，我对一切都有强烈的探索兴趣。但我后来逐渐发现，"他人即地狱"——在此特指我的亲人：我的父母开始喋喋不休地向我唠叨："你要尽快找到结婚对象、生孩子……"他们的规训导致我缺乏信心。以我的理解，他们仿佛在说："一个人的话，你就一无是处！"为了取悦他们，为了拥有他们描述的美好婚姻，我努力将自己套进他们的期待中，将婚姻理想化。我付出了很多，并自私地暗想：我付出的越多，得到的也就越多。仿佛出于某种求生的本能，我在很年轻的时候就结婚了。我当时认为婚姻是超越爱情的绝对存在，万一找不到愿意和我结婚的对象，我就完蛋了。渐渐地，我越来越没自信。

人们以为在伴侣身上找到另一个自我就能解决所有问题，这种想法是错误的。或许它确实能解决问题，但我是不敢迎头面对生活的人。作为一个无可救药的浪漫主义者，我坚信我将和爱人组建一个团队，而团队协作是最美妙的共处形式了。于是我期望丈夫能解决我信心匮乏的问题，但他并不愿意承担这个角色。有时人的心态有阴暗的一面：看到一个缺乏自信的人时，他们非但不想帮助他，反而希望对方在自信匮乏的泥潭里越陷越深，因为他们也有自己的缺陷。我花了很长时间才明白，他们的掩饰其实是想让你愈发没自信。这时你可能会对自己说："那么就自救吧！"

但最终，一切都回到了正轨，我得以通过各种挫折重建自我。我长大了，终于，当我不再奢求对方无条件的爱，当我不再想成为他眼中独一无二的存在时，我不再感到痛苦，而且重拾了信心。老实说，站在 50 岁的关头上，我不得不承认，年轻的时候这些问题给我带来很大的困扰。但从现在开始，我的力量源于对自己的缺点和弱点的接受，源于不对他人求全责备，源于坚守自己身上独一无二的闪光点，这些优点谁也抢不走。我也学会了远离那些消极的事物，学会快乐地活在当下，努力做一个善良、公正和富有同情心的人。这就是我的自信所在。

由于露易丝屈从于父母的期望，并将这种理想化的愿景内化，她发现自己在认识自己的道路上遇到了许多阻碍。她真正的渴望被置于次要地位，这阻碍了她在人生早期自主发展，也延缓了她发现真实的自我、她的愿望、她的价值和她的需求的速度。这也导致了她自信心水平很低，以为只有通过被她视为绷带、拐杖、灵丹妙药的丈夫，自己才能直面生活。但伴侣相爱后，并不意味着一方要为另一方而活，甚至是替另一方而活，相反，它意味着双方要共同努力，促进对方的个人发展。

在露易丝的叙述中，我们又一次看到，社会的规训和种种迷思对女性十分不利："她们被教导着等待白马王子的拯救。社会规训告诉苦苦等待伴侣的老姑娘和寻求解决办法的烦恼女性只有一个不完美的男人才能让她们幸福，但这不过是一个愚蠢的心理暗示，只会带来一言难尽的失望。"①

当伴侣带来痛苦

当你缺乏自信时，你的伴侣迟早会认识到这一点。这时，他要么会无条件地支持你，用尽一切方法使你安心，证明他对你的爱，告诉你你的不自信是毫无根据的；要么他就像前一个案例中的丈夫一样，不知道如何扮演抚慰性的角色，甚至会通过打击你来缓解自身的不自信。可能是他内心恶毒，可能是他热衷操纵人心，也可能是他对这种情况感到不自在，但总而言之，他会在你的失败的衬托下自我膨胀，寻找可怜的存在感，满足自我掌控的欲望。莱拉就曾陷入这样一段不幸的关系。

24岁的莱拉在一次马拉松比赛中认识了30岁的托马斯。他们两人都是运动员中的佼佼者，他们都有着健硕而干练的身体，寻求超越自我的极限，十分注重生活健康。莱拉是一所高中的厨师。

几个月后，托马斯请求我和他一起生活。我不相信他这样的男人会对我感兴趣——他帅气、单身，从事许多人梦寐以求的体育营销行业的工作。坦白说，除了在体育方面我还算不错，我完全缺乏自信，常常觉得自己渺小卑微。

---

① Beigbeder F., *L'amour dure trois ans*, Grasset, 2001.

所以，当时得到这样的请求的我快乐得仿佛飘在云端。

我当时冒着很多禁忌，因为家里人并不希望我没结婚就和人同居，但当时我深爱着托马斯，我愿意为他做任何事。

同居4个月后，有一天晚上，他捏着我臀部周围的一点儿肉，用严厉的语气对我说："老实说，如果你以为我愿意继续触摸你这些赘肉，那你就大错特错了。你得努力燃烧掉这些脂肪。另外，在性生活中，你要多一点儿想象力！"我当时惊呆了。从此我花更多的时间跑步，减重到瘦骨嶙峋的程度，但他仍然不停地责怪我身材缺乏吸引力。我感到暗无天日。幸好我后来和最好的朋友倾诉，她的一番话让我醍醐灌顶。一天早上，他离家后，我打包好行李离开了他的住所。他甚至从未尝试联系我。仿佛我们一起度过的这一年从未存在过。从那以后，我学会了对自己有信心，学会了自尊自爱。我也遇到了一个好男人，他爱真实的我。

在当时的情况下，莱拉明白自己必须离开托马斯。如果有一天，你的伴侣因为你太胖而不愿抚摸你，那我们给你一个建议：去吃一块你喜欢的蛋糕。这个蛋糕会比这个男人给你带来的任何东西都要美妙。鼓起勇气，逃离这个男人！

正如凯瑟琳·本赛德所说："不要害怕拒绝对方的沉默、忽视和他给你带来的痛苦。如果这段关系无法继续下去，那是因为你必须付出太多不必要的代价才能让它持续如初。一旦明白这一点，你就可以在经历一段不幸的感情后潇洒地离开。这将是一个光荣的胜利时刻：你终于可以告别为你带来不幸的对象，也终于可以告别他给你带来的痛苦了。"①

交友软件上的情侣

网络时代的爱情

情侣心理治疗师埃斯特·佩雷尔认为："站在商业和娱乐的交叉路口，我们正处于一个消费浪漫关系的时代。咨询者经常告诉我，通过手机软件开始第一次约会时，他们感觉就像去参加一个工作面试。"② 这种感觉在一个缺乏自信的人身上尤其明显，他会觉得自己将经受一番从头到脚的打量。在进入互联网时代前，我们习惯花时间去"培养感情"——英语中"培养感情"（flirter）一词正来自法语"fleureter"，字面意思是"向某人献殷勤"。这种旧时代的互动模式有时会让当代女性心生向往。

---

① *Histoires d'amour, histoires d'aimer*, Pocket, 2004.

② *Le Temps*, 15 février 2019.

奥菲利亚今年35岁，她是那种可以被称为"霹雳娇娃"的漂亮女孩。她身材高挑，一头金发，体型苗条，长着一张天使般的面孔。奥菲利亚在一所高中教数学，她有过几段短暂的关系，也有过三段维持还算久的恋情，但总是惨淡收尾：第一段严肃关系由于她和对方对未来的憧憬不一样而结束（奥菲利亚不想要孩子），第二段恋情中男方是有妇之夫，第三段恋情中对方甩掉她时顺带捎走了她的财物。奥菲利亚在数段感情遭受挫折后对自己的评价低到了谷底，在经历长时间的独居生活后，她决定"做个现代人"，注册了交友软件。

"一开始还挺令人兴奋的。我发了照片后有很多人点赞。我大概回复了其中十几个用户。他们和我住在同一个城市，长得还算帅，从事的职业也挺不错。我通常在酒吧或餐厅与他们见面，随后，他们中的一些人给我回电话，问能不能'到我家坐坐'，当我向他们提议位于市中心的另一个见面地点时，他们统统拒绝了……然后我就再也没有收到他们的消息。除了一些性方面的邀约，没有任何动静。有的约会对象则在第一次见面后再也没有给我回过信息。说实话，我不知道哪种情况更让人难过，是那些只想和你发生性关系的人，还是那些只见了你1小时就不喜欢你的人。我之所以开始用交友软件，是因为我正处于单身状态，而且我生活中没有什么认识其他男性的机会，我的朋友们要么处于恋爱关系中，要么和我一样苦恼挣扎，这一切都让我开始失去自信。这段经历给我的自尊心一记致命的打击，而且进一步损伤了我的自信，它让我觉得自己无趣、不可爱、丑陋、过时……我在使用软件十几天后删除了个人资料，并决定再也不用交友软件了。也许我太老了，不适合这种约会方式。而且这种约会方式使一切邂逅都'去浪漫化'了，我觉得自己被当成了商业对象。至少我去参加派对的话，如果有男性找我要了号码，他们真的会打电话给我，即使最后两人并不一定适合，我会觉得自己还是有吸引力的。但在交友软件中，你就像商品目录中等待被挑选的物件（虽然这是双向挑选），如果和双方一开始就没有火花，你马上就被判出局了。总之，我真正希望的是找回自信，因为当一个女性散发出自信的气质时，她会更容易被人注意，虽然这不意味着最终的结局里她就会是赢家。"

逃避幸福，以免对方离开……

人们可能会以为，年轻漂亮又优秀出色的职业女性是不会受冒充者综合征困扰的，然而事实并非如此。现年26岁的斐丽希是一位事业有成的时尚博主，她给我们讲述了自己的感情故事。

我和麦克斯（他30岁）已经交往2年、同居8个月了。我对工作满怀热情，更对自己充满信心，为了得到采访时尚界明星的机会，我会毫不犹豫地向前冲。但一旦进入家门，我就变成了一个精神脆弱敏感的小女孩。就像肥皂剧里的泼妇一样，我会对麦克斯颐指气使，为一些鸡毛蒜皮的小事和他闹得不可开交。回想起来，吵架的原因从来都微不足道，但当时让我跳脚发狂。原因可能是我穿了一件新衣服却没有得到他的赞美、他在我面前睡着了、他在电话里轻言细语……我会在脑海中左思右想，越想越焦虑得浑身发抖，寻找各种证据来证实自己的担忧。从和他发生第一次性关系开始，我心里就有一道过不去的坎：他到底为什么会看上我？我羞于承认……我甚至会去翻他手机，寻找可疑的短信。我总觉得麦克斯可以让任何女孩都爱上他：他璀璨夺目，无比优秀。在认识我之前，他约会的对象都是高挑的金发女郎，但我是棕发！就像伊娃·朗格利亚一样！我知道他有一天会如梦初醒，意识到自己犯了一个错误，意识到我不值得他爱，比我好的女孩太多了！我的无理取闹也是唯一能让我感到安心的行为，因为即使麦克斯为此气急败坏，他最终总会安慰我，告诉我他爱我，关心我，世界上没有任何事会让他愿意和别人在一起。然而，这些为了索求爱情宣言而挑起的争吵，即使在当时能让我感到安心，却最终破坏了我们的关系。客观上我意识到这是错误的，但我没办法克制自己。那股破坏欲超出了我的控制范围。我总是恐惧、怀疑自己不是最适合的爱人，而且确信他最终会离开我。但是感谢心理治疗，它使我明白自己的不安全感从何而来，使我明白这种怀疑曾经定义了我，并占据了我所有的心绪。我曾自认为是个糟糕透顶、配不上他人爱的女孩，并为此建立了荒谬的防御机制。担心麦克斯会拒绝我的想法，因此我总想在一切可能的情况发生之前倾吐自己的忧虑。现在，我成功地改变了自我认知，实现了自己的价值。麦克斯在这个过程中给了我许多帮助，我也学会了信任他、相信他的赞美。我们花了很长时间来解决这些问题，但我们成功做到了。

嫉妒：内心深深不安的表现

在大卫·冯金诺斯和史蒂芬·冯金诺斯拍摄的电影《妒忌》中，嘉莲·维雅饰演一位精神濒临崩溃的 50 岁女士。她是一位大学教师，离婚让她几乎在一夜之间从温柔多情变得充满妒意。但与其说她是一位嫉妒心强的女性，不如说她苦恼、沮丧，她太渴望找到存在感、太渴望被爱，这导致她开始以各种奇怪的行径摆布周围人，甚至连她的女儿也不放过。

这是一种将自我怀疑推到极限的人生隐喻……

女性可以"同意"但"不接受"

随着美国 Metoo 运动浪潮席卷全球以及法国演员阿黛拉·哈内尔向媒体曝光的大胆见证，针对女性的暴力行为愈加被暴露在公众视野中。在这些对性别暴力的讨伐中，性行为知情同意问题显得尤为棘手。当女性对自我评价甚低时，她便难以得到对方的尊重。而当她缺乏自爱、当她毫不重视内心的真实想法时，她便很难拒绝男性的求爱。处于青春期的少女在性行为知情同意问题上的自我表达尤为困难。

根据法国公共卫生部对 15 000 人进行的调查[①]，青春期少女的性关系并非总发生于她们有意愿的情况下。

- 10.7% 的女孩和 6.9% 的男孩认为第一次性行为发生时，自己"接受，但并不真正想要"。
- 1.7% 的女孩和 0.3% 的男孩认为她们的第一次性交是被迫的。
- 只有 26% 的女孩的第一次性交出于自身的渴望，对她们中的大多数人（54%）来说，对对方的爱是她们的主要动机。
- 在 15 ~ 17 岁的青少年中，8% 的女孩和 1% 的男孩

---

① Baromètre santé 2016.

经历过被强迫或被试图强迫的性行为。

- 在 18 ~ 19 岁的青少年中，14% 的女孩和 5% 的男孩经历过被强迫或被试图强迫的性行为。

据此，法国公共卫生部围绕性行为知情同意问题发起了一系列宣传教育行动。由于性行为知情同意和强奸之间存在一个模糊的地带，在青春期这样一个脆弱敏感的时期，并不难理解实现所谓的"知情同意"尤其困难。正如法国著名儿童心理学家弗朗索瓦兹·多尔多的解释，年轻女孩们往往没有一层"像龙虾的保护壳"般坚硬的自我防御。她们幻想成为大人，却尚未掌握成人世界的规则。她们害怕拒绝男友的性行为请求后对方会因此离开她们；她们担心拒绝"走到最后一步"的话会被视作戏弄对方的感情；她们忧虑自己如果不像其他人那样做的话，会被视为矜持、假正经……但接受的话，又害怕会被视为随意和他人发生性关系的轻浮女孩。总之，出于对无法取悦对方的恐惧，她们往往选择接受自己本不愿意跨域的亲密界限，这显然是缺乏信心的一种表现形式。

法国国家健康与医学研究院的研究员、社会学家娜塔莉·巴卓认为："由于高度性别化的社会规范仍然决定着不同的实践和行为，女性和男性对'同意'的理解是有区别的。'同意'并非天生而来的，而是被学习、被建构的，而年轻人已经将一套性别刻板印象融入自己的世界观。根据这些社会规范，男孩的性需求是不可抑制的，而女孩的性行为则是出于爱慕之情。我们今天仍然可以看到，女孩们第一次发生性关系的对象虽然不一定是她们的第一任丈夫，但对方具有各种社会和象征属性。须知，知情同意不是非黑即白的，一个人可以"同意"但"不接受。"[1]

"同意"但"不接受"，两者之间的差别看似细微，但其实存在天壤之别。所以我们必须对年轻人进行关于身体、欲望和自信的教育。娜塔莉·巴卓指出："发起一场关于性行为知情同意的教育运动很重要，这是一个需要普及的主题。年轻人应当认识到，他们并非总要同意对方提出的性行为要求。他们有必要在性关系发生之前明白这一点。"

对于这个问题，对年轻人进行启蒙是非常重要的。如果不这么做，他们信心匮乏的问题会更加严重，在今后的人生中，他们的性信心也会受到影响。

缺乏自信影响女性的性能力

缺乏自信不但影响女性的性能力，而且会影响她们伴侣的性能力。40 岁的纪尧姆向我们讲述了他的经历。

我和艾米丽刚邂逅的时候就像干柴烈火，但当时我没

---

[1] *L'Express*, 24 octobre 2018.

有意识到的是，她从来不想完全脱掉衣服。她总是穿着一件小上衣，允许我触摸她身上的任何地方，除了胸部。她觉得自己的胸部没什么好看的。很快我们就同居了，她虽然穿着性感的睡衣，但还是不打算在我面前露出胸部。当时，我并没有试图改变她的想法，尽管内心深处我越来越沮丧，这种挫败甚至转变成对她胸部的痴迷。虽然如此，我仍旧闭口不言，不想伤害她的感情。这种情结在经年累月的沉积下愈演愈烈。如果我冒昧地赞美她的身材，她就会大吼大叫，斥责我的赞美都是谎言。后来我试图向她提议共同解决这一"问题"，她总会想方设法转换话题，指出我才是一切问题的源头，指责我对她的期望不切实际，警告我如果孩子们听到我们的对话会很尴尬……这很伤我的心。我不认为自己是一个心灵扭曲的人，我做的一切不过是出于对她的激情和爱。我们没有共同的孩子，她和前夫有两个孩子，我和前妻有一个孩子，所以孩子们在她的前夫或我的前妻家的时候，我们经常是两个人共处一室。几年后，这种控制下的性行为使我感到日益沉重。她喜欢主导这种紧张的气氛，觉得这能发挥她的优势。我们之间与此相关的任何讨论最终都以争论结束，掩盖了真正的问题。

除了她对自己胸部的情结，我还不得不提她的自卑心态。我一直为她感到无比骄傲，认为她性格顽强，神采飞扬，幽默风趣。尽管如此，每当我们和朋友结伴出去玩，她都会告诉我她感觉很不自在，觉得自己的智力水平没能达到和我们一样的高度。我一直对此百思不得其解。

我们在土耳其度假时，她以我们需要睡觉为借口，订了一个有两张单人床的房间。即使这并没错，但我们本来就从事着令人疲惫不堪的高压职业，单人床的事由也很幼稚，我觉得自己仿佛被阉割了。

不久后，她以胜利者的口吻向我宣布，她决定去做隆胸手术。手术后，她同意给我看，让我抚摸她的乳房。但我感觉自己好像是在接触异物，而这块异物是脱离了她的身体而存在的。她终于像允诺孩子一样，允许我触摸这块地方。但太迟了，手术一个月后，我们的恋爱关系就结束了。

无处安放的身体

女人甚至会在性生活中给自己施加压力。与其他女性比较的情结影响了她们，以至于限制了她们的性生活。性学家和心理学家奥莉薇亚·本娜墨[①]向我们讲述了37岁的蒂凡尼的案例。她和丈夫西蒙一同参与咨询。她与丈夫共同生活了10年，育有两个孩子，分别为4岁和7岁。性生活一直是他们夫妻之间一个微妙话题：蒂凡尼很难接受自

---

① 奥莉薇亚·本娜墨是住在法国鲁昂的临床心理学家、性学家、治疗师、家庭和夫妻心理咨询师。

己的身体，她觉得自己太胖。最小的孩子出生后，蒂凡尼这种自卑情结更加严重了。

如今她拒绝与西蒙有任何身体上的接触，除非穿着睡衣、在完全黑暗的环境下，她才允许西蒙触摸自己的身体。西门责备她不与自己进行身体接触，却接受和孩子们之间的亲密接触。蒂凡尼解释说她也受不了自己，她不明白丈夫是否还认为她有性吸引力，她怕丈夫"看到她的原貌"后拒绝她。而她的丈夫则要求她在生活中，特别是在他们的性生活中更主动，他感到非常孤独，因为她对他没有表示出任何温存。他希望蒂凡尼有一天可以对他产生欲望，告诉他她想要什么，她希望他对她做什么。蒂凡尼则感到自己被误解了，这加重了她的焦虑，使她离丈夫越来越远。她把自己的困难归结为与一个男孩的初恋和性经历，这个男孩经常拒绝她的示爱，批评她的外貌和身体。她一直无法从脑中抹去这段创伤经历，这让她在自信层面上特别敏感。

蒂凡尼的情况在缺乏自信导致的关系障碍和性困难的人群中很常见。自信是充实的性生活的基本要素：当一个人既对自己有信心，也对他人有信心，他才能放任自己去尝试诱惑、去感受欲望、去享受愉悦。性爱的美好体验只有在兴奋和放松的双重状态下才能发生。如果一个人没有最基本的自信心，他怎么能信任伴侣，放松地体验性行为呢？又如何在共同经历的亲密接触的瞬间，心态轻松地放任自己享受欲望和探索刺激呢？

在当今女性性功能障碍临床中，女性最多抱怨的是她们的欲望障碍：这可能表现为缺乏性欲、对性生活普遍缺乏兴趣、缺乏性幻想，以及与受到教育或与出身、文化有关的性抑制。自身原因或外界因素导致的胡思乱想或消极想法，都是性生活最大的敌人。它们导致性生活岌岌可危。毕竟要做爱，就要"投入其中"。虽然不一定总要出于自发的欲望（即使这是最理想的状态），但人们总是可以为性互动的可能性创造条件。无论如何，这还是要出于个人主动的发起。

当我们与女性探讨她们的性经验史时，她们经常会表现出对自我的厌恶。这种自厌由来已久，即表现为对外表的自卑，如太胖、太瘦、女性体态太突出、"不够……"等，也表现为对贬低性行为的话语的内化，这类贬低性行为的话语往往习得自家族中的其他女性，她们往往认为如果女孩们喜欢"做那种事情"，就是因为她们不懂洁身自好……有些女性过早地开始性生活，尽管并不总是在其自愿的情况下发生；有的女性则与之相反，很晚才开始性生活。由于经历了长期的单身生活，或者只有过极少数伴侣，她们产生了与经验不足有关的不确定性和焦虑感。如此一来，她们对性的恐惧持续存在，更抹除了对性的积极看法。她们常常觉得自己不是"好伴侣"，不能给对方带来愉悦，而且难以接受自己会成为对方的欲望对象的想法。

自信会影响与他人的关系，更可能影响与自己的关系。缺乏自信会使人觉得自己既不值得自己的爱，也不值得他人的爱。它会削减个体关注自我的能力、探索自己身体的能力、认可自己身体的能力和识别自己身心感受（情绪和身体感知）的能力。这一切都是个体难以信任自己的表现。她会觉得自己的身体不值得关注，没有价值。

这些不爱自己的女性，最终会承受与自己身体日益陌生、疏离的代价，并为此感到痛苦。她可能会通过各种方式虐待自己的身体，比如恶劣的饮食习惯（包括像厌食症及暴食症这类饮食摄入紊乱的极端症状），比如对身体缺乏保养，甚至在自己不知情的情况下仿佛被打了麻醉剂，完全丧失了对身体感受的敏感性。在这样的对待下，身体再也感受不到饥饿或痛苦，同样感受不到愉悦。性学家们都很清楚，很多女性之所以会患上性欲障碍，是因为她们无法识别自己身上被点燃的欲望和兴奋的信号。而如果她们本来就难以忍受让自己快乐的想法，又怎么知道什么会带来快乐，并依此寻求快乐呢？如果她们认为探索自己身体的行为是不可想象的，再如果她们认为自己并不适合过性生活又会怎样？

在伴侣关系中保持自信的 6 个技巧

（1）持续不断地告诉自己：不要再和别人攀比了！

（2）不要再认为自己不过是运气好或是认为自己配不上这段恋情。

（3）嫉妒永远不是正确的解决办法，恐惧更不是避免危险的答案！

（4）虽然这说起来容易做起来难，但切记要爱自己！阅读德国作家爱娃－玛丽亚·楚尔霍斯特写的《爱自己，和谁结婚都一样》[①]一书吧。她提供了一整套解决方法。

（5）学会活在当下，把每一天当作生命的最后一天来度过。享受此时此刻。要知道，破坏了一段关系并不意味着下一段关系就会更好。专注于当下，如果做不到，就要积极求助心理咨询医生。

（6）不要把别人的期望和自己的期望混为一谈。父母和丈夫都不应该干涉你自我探索。

---

① Leduc Éditions, 2008.

第九章

培养自信的女儿

我绝不让我的生命屈从于他人的意志。

西蒙娜·德·波伏娃

当一个女性意识到自己缺乏自信时，她很有可能想在成为母亲后，改变这一"趋势"，她会努力培养自信的后代，无论儿子还是女儿，皆是如此。许多心理医生认为，儿童时期是孩子成长的关键时期，我们可以努力在这一时期创造一块孕育自信心的沃土。

如何与社会、与我们的过去抗衡

不重蹈覆辙

年轻的父母们有时会意识到自己正不由自主地犯着当年父母犯过的错误。难道我们注定要重蹈父母的覆辙吗？难道我们注定会把自信匮乏的问题传递给女儿吗？当一位女性成为母亲的时候，她也重新变成了曾经的小女孩，通过行为重演自己亲身经历的一些片段。她受到的教育以及与母亲（或小时候身边的女性）的关系，都在她的言行上打下不可磨灭的烙印。要么她从未意识到自己正在复制自己父母的教育模式，要么她在意识到这一问题后建立了一种与此相反的教育模式：她将与陈旧的模式背道而驰，尝试用不同方式思考和培养女儿，教育她自尊自信。这种转变常常需要父母自我反思，但并不是每个人都有能力进行如此缜密的自我反思，现实常常要微妙得多。

认识到孩子的独特个性

临床心理学家、儿童和青少年教育专家劳伦斯·古腾玛切阐述了人是如何被塑造的以及如何培养女儿的自信心。

要培养一个充满信心的女孩，首先你必须意识到，她是你的孩子，但不是你个人的延伸，她具有完整的人格，有她的优点、她的缺点和她的独一无二性。因此，我们要做的，是认清她的个性，陪伴她、帮助她做自己，使她在自我实现的道路上不断成长。这可以通过教育她养成一种新的思维方式，使她可以与人们常对女性持有的期待保持距离。当母亲给女儿实现自我的自由时，女儿将能够与真实的自我和谐相处，从而对自我保持良好的评价，感到自己被接受，这一切必然会赋予她自信。我不认为教育孩子时可以全盘抛开对他们性别的考虑。我们生活在社会之中，不应当刻意违背潮流或违背生物性的身体差异，不止于此，我们要做的，是赋予女孩们充分的自由，给她们接触新事物的机会，告诉她们没有一扇门是向她们封闭的，只要她们愿意，她们也可以做拳击手。当然，这一切的前提条件是不违反她的个人意愿。

打破与女孩相关的刻板印象

1994 — 1999 年期间，一项欧洲研究计划在法国、意大利和西班牙开展。研究计划以 537 本图片相册为基础（相册主要来自法国），学者通过它们了解性别的表现形式和传播过程。男女之间的性别差异表现在一些带有刻板印象的图像上：围裙是专属母亲的"饰物"；眼镜是智慧或年老的标志；扶手椅是父权的象征，也表示一天工作后的休息；女人要么是漂亮的，要么是聪明的；报纸、书包，一切物品都带有性别的内涵。接着，在第二阶段的研究中，当研究人员向孩子们展示无具体性征的熊的插图，但在其中加入体现各种不同特点的物体时，他们对熊的性别判断就会符合图像中隐含的性别刻板印象。

许多研究也证实了人们对男孩、女孩的差异对待。虽然从迪士尼早期的公主片开始，性别就在影像作品中有了不同的表达，如白雪公主喜欢做家务，灰姑娘则梦想着参加舞会、穿漂亮的裙装等，但即使在今天，我们仍可以注意到，女孩往往表现得更消极被动。她们的活动领域在家庭内，她们总是温柔地呵护兄弟姐妹，仿佛母亲一样关怀他们；男孩们的活动领域则在户外，他们和朋友一起——

而不是和家人在一起——嬉戏冒险，做一些逗乐的傻事。[①]
不难推想，女孩们身处的语境并不利于其培养勇敢的人格，
也不利于激发她们向外部世界探索的热情。

更让人惊讶的是，"各种动物也有其被选定的性别内涵，
它们代表着不同的价值属性。强大的动物或是在儿童的集
体想象中更有存在感的动物，常常代表着男性角色，比如
熊、草原动物、狼或猎兔。相反，女性角色更多地被描绘
成小动物或昆虫，如老鼠或黄蜂。"[②]

老鼠、黄蜂、小型动物……它们都足够可爱，足够无
害，但当女孩们对此类形象产生认同时，这如何能有助于
培养她们的自信呢？这些形象非但不能鼓舞她们勇往直前，
反而进一步教导她们要谨小慎微……

没有什么是一成不变的

小女孩缺乏自信的情况是什么原因造成的？又是如何
造成的呢？在此可能有两种情况。在第一种情况中，一位
"失败"母亲的各种人生经历导致了她的不称职。导致她
不称职的原因有很多：可能她身患疾病，可能她有抑郁症，
可能她在女儿的成长中常常缺席。这些原因都有可能造成

---

① Dafflon Novelle A., " *Sexisme dans la littérature enfantine, quels effets pour le développement des enfants* ", *Cahiers internationaux de psychologie sociale*, vol. 57, 2003,

② *Ibid.*

女儿的依恋障碍。劳伦斯·古腾玛切解释道："在依恋关系中，母亲的缺席将阻碍女儿的成长发展，因为这会导致女儿无法对一个可以信任、令人安心的母亲形象产生认同。在一个家庭中，每个人都有自己要扮演的角色，母亲要承担她的角色，父亲也要承担他的角色。每个人的角色安排并非固定不变的，最重要的是让每个人都能找到自己的定位。当母亲找到自己的定位、父亲和孩子也找到各自的定位时，培养孩子的自信的所有条件都具备了。"

艾洛伊丝今年 8 岁。她的朋友很少，和母亲的关系也不和睦。

"我宁愿和爸爸在一起，和他相处总是更自在。我不喜欢妈妈，她总是板着一张脸，只会说'不'。"艾洛伊丝这样说，对此，她的母亲解释道，女儿艾洛伊丝出生时，她得了产后抑郁症。孩子的父亲很快承担了照顾艾洛伊丝的责任，但他未能制定让家庭良好运行的规则。长大后，因为不信任母亲，艾洛伊丝从心理上非常排斥她，艾洛伊丝怕母亲再次"离开"她，也怕母亲再次患病。为了保护自己，艾洛伊丝就这样把她推开。如此一来，母女之间的情感纽带难以维系，而母亲苦于在家庭中没有自己的位置。

在成长的日常生活中，与婴儿建立第一段亲密关系的对象是哺育他们的母亲。他们有许多生理需求：要被喂食，要有大量安稳的睡眠时间。在第一阶段的情感培养中，可能发生许多非生理性的复杂情况，比如母亲无法喂养孩子或是孩子不想进食，导致母亲感到内疚等。

在艾洛伊丝的案例中，在她生命的早期，母亲无法为她提供安全感。虽然这并非母亲的意愿，但这确实使她在不知不觉中忽略了孩子的需求。她们的感情联系在初期便未能正常建立，导致后来关系维系的失败。由于父亲对所有孩子的需求都应允，孩子在这一过程中没有受到任何挫折教育。在这两个极端之间，母女二人必须努力找回平衡状态。她们面临的情况是，母亲为一切感到内疚，她知道部分问题来自她的缺席。反过来，这种内疚感变成了她主动接近女儿的障碍。而对孩子来说，她也不想接近母亲，因为担心母亲仍然会缺席，她没有去尝试想象其他的可能性……为了建立双方的正常关系，母亲和女儿都要努力：一方面，母亲应该明白女儿需要她，而她确实可以成为称职的母亲，这样一来，双方的关系就会发生改变；另一方面，为了建立富有安全感的母女关系，女儿要在这段关系中感到安全。总之，她们要一起走向对方，接受彼此的行为等。①

当一个母亲对自己没有信心时，由于她不一定懂得要

---

① 劳伦斯·古腾玛切讲述的案例。

教育女儿充分实现自我，她便会把自己的不自信传达给女儿。但这一切都可以通过父亲的角色和女儿的个性调节。

即使有些小女孩们的母亲有缺点，但她们也能找到自己的位置。我们可以帮助她们做自己。正是在成为自己的过程中，她们才会获得自信。在可以被接受的社会规范之内，她们将学会坚持自我，而不会试图套进一个不适合自己的模子或委屈自己去实现他人的期望。我注意到，在孩子 0 ~ 6 岁的幼儿时期，如果母亲的存在足够令孩子安心，这将很有利于孩子自信心的培养。

令人宽慰的是，孩子的自信心是完全可以重建的，因为他们仍有充裕的时间。与漫长的一生相比，三周、半年或是一年的失败又算什么呢？没有什么是一成不变、静止不动的。无论如何，每个人都有希望成为均衡发展的成年人。即使孩子在成长过程中遇到问题，这些问题阻滞了他们的发展，导致他们失去信心，但问题一旦得到解决，他们就会继续成长。

父亲和家务

自信心的建设远远不止母亲一人的责任，社会和父亲在其中同样发挥着重要作用。如果父亲或家庭中的男性对女性有负面的评价，如果他们不尊重或不认可伴侣的品质和价值，那么，家庭中的小女孩将很容易内化这种观念，以此阻碍她们自信心的发展。

　　哥伦比亚大学心理学系的托尼·史曼德教授、卡塔里娜·布洛克教授和安德鲁·巴伦教授的一项研究[①]指出，参与家务劳动的父亲更有可能培养出向往收入前景更好的、非传统职业的女儿。换句话说，父母分担家务的方式会对女儿对自身性别的态度和期待起关键作用。虽然母亲对性别平等和职业平等的观念是影响孩子人生态度的关键因素，但对女孩的职业抱负影响最大的预判因素是她们的父亲对家务的态度。

　　总而言之，如果你想培养志向远大、自信满满的女儿，那就让孩子的父亲洗碗、洗衣、做家务吧！

　　社会风气正在渐渐改变。伦敦经济学院的一项研究表明，育有学龄期女儿的父亲更支持性别平等，仿佛当他们有了女儿，特别是当女儿开始上学时，他们的性别歧视观念就会减弱。数据说明，当家庭中的女儿进入小学时，采取父亲在外工作而母亲当全职主妇的传统模式的家庭减少了8%；当她进入中学时，采取这种传统模式的家庭减少了11%。诚然，可改进的空间仍然很大，但这一研究结果依旧鼓舞人心。研究学者阐释道："因为有女儿的父亲更容易理解女性在社会中面临的挑战，这将极大地改变他们对性

---

① 调查对象为 326 位年龄在 7~13 岁之间的孩子。

别角色的态度。"

学校：仍是性别歧视的重灾区

女孩们在学校的学业成绩表现更优秀已经是不争的事实，例如在所有西方国家，获得学位的女性都比男性多，[①]但进入职场后，她们却不一定能担任重要的职位。2012年，随着法国妇女权利部的成立，性别平等再次成为法国的一项重点议程。2013年，法国在600个班级中试行性别平等启蒙课程，目的是让学校、其他集体活动班和参加兴趣课程的孩子在社会化的过程中关注性别平等。该方案旨在促进学校男女生之间的平等，除了希望激发学生的兴趣，也要求老师们对这个问题进行反思，思考其重要性。但该方案在2014年遭到强烈批评，特别是极右翼和反对同性婚姻的人，他们谴责课程里引入了否认性别差异的"性别理论"等内容。最终该方案被宣布废除。

2017年，法国男女平等高级委员会发布的一份报告指出，学校仍然是性别歧视的重灾区。报告据此倡议对教师进行性别平等培训，指出学校教科书中仍然存在关于性别歧视的陈词滥调，女性更不能幸免于刻板印象的曲解。[②]法

---

① 《华盛顿日报》在2019年8月26日的文章指出，美国劳动就业市场中取得高等文凭的女性数量首次超过男性。

② Rapport HCE, 22 février 2017.

国男女平等高级委员会的主席达妮埃尔·布斯凯指出："在
小学一年级的教科书中，70% 在烹饪或做家务的角色是女
性，而书中只有 3% 的女性从事科学研究工作。在课堂上，
教师在与学生的互动中，56% 是面向男学生的。从长远来
看，这将有利于男学生的发展，而不利于女学生的进步。
填写志愿理论上给予了学生很大的选择空间，但实际上可
供女学生选择的专业是很有限的。虽然她们的学业成绩比
男生好，但在分科或选择专业时，她们往往集中在特定的
领域；相比于男学生，老师比较不会鼓励女学生选择填报
理科或科学相关专业。此外，在高中一年级，10 个男生中
有 7 个会选择理科，而 10 个女生中有 4 个会选择文科。但
是，法国男女平等高级委员会这一报告的目的并非在责怪
教师，而是借此明确指出性别歧视观念的传递往往是在无
意识中进行的，只有着力解决这个问题，社会才能进步。"[1]

对"缺陷"的意识

我们再来回顾一下，一个螺旋式的互动正在发生，它
是诸多元素的混合体：家庭纽带及社会教育；每位母亲与
女儿的关系和每位男性与女性的关系；将女孩圈定在角色
中的贬低性言论（比如穿围裙、烤蛋糕的母亲）；选择是

[1] "Éducation : pourquoi l'école française est-elle encore jugée trop sexiste ", *20 Minutes*, 22 février 2017.

否给予女孩某些自由和梦想的社会。

劳伦斯·古腾玛切说："从我们意识到自己缺乏自信的那一刻起，我们就已经在为这个'缺陷'努力了。我们除此要做的就是发扬自己的优点。意识到这一点就有了解决它的愿望。"

育儿新视角

1970 年，美国心理学家菲茨休·道森出版了《道森博士的育儿"圣经"》[①]一书，这本畅销全球的书强调了话语在养育孩子过程中的重要性。弗朗索瓦兹·多尔多也认为话语十分重要，但在她看来，6 岁前儿童的发展就定型了。而儿童精神科医生马赛·拉夫认为，这种过于斩钉截铁的想法只是一种先行判断，其实孩子们总会有第二次，甚至第三次发展定型的机会。

如今，儿童精神病学家们已经抛弃了弗朗索瓦兹·多尔多的一些理论，并对她提出的"6 岁前儿童的发展就定型了"的观点发起挑战。但儿童发展领域的专家一致同意的是，儿童的家庭关系，特别是他们与父母的关系，对培养儿童的自信心很重要。自信心正是通过他者的话语灌输进儿童的想法中。此外，声音的语调、用意、词语的选择，

---

① Livre traduit en français sous le titre *Tout se joue avant six ans*, Robert Laffont, 1972.

甚至说话的姿态都至关重要。

近年来，情感和社会神经科学研究使我们对教育的作用以及行为与语言对儿童大脑的影响有了更好的理解。研究表明，大脑是具有可塑性的，也就是说，孩子的生活经历会决定大脑的连接和运作方式。[①]

所以我们在与孩子，特别是与女孩对话时，要注意词汇的使用以及用词的方式，以此避免一些家庭和社会性错误的重演。这就是正面管教的目的，它的作用在于帮助培养我们重视的具体品格，对本书而言，就是培养自信心。正面管教指出，我们要持续努力为孩子提供发展资源，而不能对他们的发展施加限制。因此，我们要尝试教授儿童如何行动，而不能用拒绝的否定式语句来敷衍他们。

家长若能以一种不拘一格的方式尊重和鼓励孩子，就会培养出聪明的女孩。在我们与摄影师、电影制片人索尼娅·希夫的会面中，她与我们分享了自己的亲身经历。[②]

我的父亲和母亲把我所有与众不同的地方、所有的特别之处，甚至是外形上的特点，都视为优点。成长过程中，我从未觉得自己"太瘦了"或者"鼻子太大了"。他们更从

① Les livres de Catherine Gueguen présentent un panorama très clair de toutes ces découvertes : *Pour une enfance heureuse*, Pocket, 2015,et *Heureux d'apprendre à l'école*, Les Arènes, 2018.

② *Les Française*, Rizzoli, 2017.

未向我指出这些外形特征可能对其他人来说是个缺点。通过这种积极的视角，他们鼓励我做一个与众不同的人，这也增强了我的自信心。对他们来说，我写的一切都是出色的；我做的一切都是值得赞美的。即使在最坏的情况下，他们给出的评价也不过是"很惊人"。我觉得自己就像活在罗尔德·达尔①的小说里。我记得第一次看到父母皱眉头，是我给他们看我拍的小酒馆照片的那天。我父亲回应道："很不错，只是你凭它可能还不能在18岁时在巴黎欧洲摄影之家②开展览。"当时我觉得自己仿佛站在世界之巅，自信无比，即使心头还是会有一些疑虑。即使在今天，当我听到他人对我发出质疑时，虽然我会倾听，但并不怎么放在心上。如果对方提出的是建设性意见，我会洗耳恭听；但如果这些意见只是想让我对自己的信念产生动摇，我也懂得及时抛开。这要感谢我的父母和他们的教育，是他们为我打下了自信的基础。诚然，当我抱着"生活总会这么美好"的念头时，不免要碰壁。在青春期的末尾，我发现世界上同样有刻薄残忍的人。我那时才意识到自己一直在一个美好的泡沫中长大，令人遗憾的是，这泡沫并不是真实的人生。我有时也想，如果我的自信其实只是掩盖自我

---

① 挪威籍英国杰出儿童文学作家、剧作家和短篇小说作家。世界奇幻文学大会奖得主。——编者注。

② 坐落于巴黎。

怀疑的屏障呢？我相信我对此非常清醒。我信奉勒内·夏尔的名句："清醒是距离太阳最近的伤口。"我知道自己要加快速度才能够进步；我不断进行自我评估，对自己和他人都要求严苛；我相信自律和努力工作的重要性，但同样相信要张弛有度，我相信这二者的结合。其实许多伟大的人物通常不给世人展示自己学习、思考、工作的过程。他们像踢踏舞舞者一样，隐藏了背后的艰辛练习，选择优雅地面对生活……我身上有我爸爸的影子，这是多么幸运的一件事！

正面管教的启示

卡罗琳·普利姆林是一位通过正面管教资格认证的人生导师和训练员，她的工作是主持育儿工作坊。当她的女儿4岁时，她发现了"正面管教"这一育儿方法，意识到父母的育儿方式将对孩子产生何种影响，并欣喜地在其中发现了机会——她想用很简单的工具教育父母学习培养各自的角色。"在职场中，我们会得到报酬、评价和鼓励这样的'回报'，但身为家长，往往没有这样一套评价体系，在缺乏外在纪律的情况下，父母如何知道自己的所作所为是公平的、合适的、长期有效的呢？"

随后卡罗琳接受了教练和正面管教的培训，这是一种基于阿尔弗雷德·阿德勒（奥地利医生和心理治疗师，个人心理学创始人）的理论的育儿方法。她同意将此育儿方法的精髓与我们分享。

一种新的对话方式

当人们成为父母时，他们往往并没有做好准备。但我相信我们可以从裂缝中看到亮光。正面管教的方法极大地启发了我，我发现我可以通过改变与孩子说话的方式和语言的使用让孩子产生自信心。而当我们培养了完善的价值观时，我们将学会爱自己、爱自己的优点，也爱自己的缺点。我们也将感到自己在社会上适得其所。我在学习另一种对话方式时突然发现从未有人与我这样交流。在亲子工作坊中，我们总是用法语对话。虽然我们的语言并不相同，但我们使用的词汇是相同的。所以这就像学习一门新的语言，只是它的学习过程更奇妙，因为我们的父母从来没有这样跟我们说话。一旦我们开始这样与孩子对话，当轮到他们做父母的时候，他们就不需要学习这门新的语言，因为他们已经掌握了这门语言，可以融会贯通了。用这门语言与他们的后代对话将是自然而然的事情。

刚柔并济的民主教育模式

育儿方式有好几种，最常见的是专制式和放任式。实践专制式育儿风格的父母异常严格，他们要求孩子服从命令，以此对他们进行奖励或惩罚。相比之下，放任式育儿风格则给孩子很大的自由，不对他们设置任何限制。但这样做的父母要么步步退让，要么缴械放弃，最终会导致孩子缺乏前后一致的行为准则。

惩罚性的、不讲情面的教养方式的危害在今天已众所周知，这种惩罚引起的情绪会刺激应激回路，使孩子无法思考自己的所作所为。孩子固然有记忆力，但他们记住的是压力、恐惧、愤怒，而不是引发惩罚的原因。凯瑟琳·格格安说："我们每一次对孩子的惩罚，都是对他们的羞辱，会让他们痛苦，也会阻碍孩子大脑的正常运作。"2019 年 7 月 10 日，法国在法律中明令禁止父母对孩子进行身体和心理上的虐待。

在积极管教中，我们期待展现儿童教育民主的一面：

- 重视儿童的想法。
- 帮助儿童理解自由和限制之间的平衡。

积极管教倡导一种刚柔并济的民主教育模式。此教育模式的特点是宽和严的结合，而不是非此即彼。它们就像"呼"和"吸"，我们不能只"呼"不"吸"，也不能只"吸"不"呼"。

观念

正面管教的关键在于教育过程中，教育者既要有刚硬的纪律，也要有关爱的态度，同时要明白人们的观念是怎么形成的。"我们从小相信父母告诉我们的东西是正确无误的真理。渐渐地，我们会根据他们对我们的期待，发展出对世界的看法。如果有人对我们说，'你真是个天使，和你相处太愉快了'，那么'我是个好人'的想法就会植入我们脑中。再举个例子，如果有人对我们说，'说实话，这项任务很难，但是你居然做到了，你真的很能干'，这种信息同样会被我们整合进自己的想法中，并且我们会根据这些想法，建立自己对世界的解读。如此说来，我们在幼儿时期培养的价值观将对未来进入职场的我们产生长远的影响。"

不树权威，也不能放任

一直使用权威式育儿方法的父母会让孩子常感到恐惧内疚。围绕自信心的培养这一主题，权威式的教养方式更是适得其反。无论男孩还是女孩，这种教育方式都会导致他们畏首畏尾，他们更会由于害怕自己不再被对方所爱而不敢拒绝任何要求。正如我们在前文看到的，惩罚要么会导致孩子自尊心受损，使他们觉得自己不再是一个"好孩子"；要么会让他们想当颐指气使的领导者，因为他们认定当了领头羊就能为所欲为了。

卡罗琳·普利姆林进一步阐释道："在放任自流的教育方式下，孩子会认为自己可以随意僭越规则。他们将难以忍受任何挫折，也不愿付出努力。他们视自己为世界的中心，而不考虑周围人的需求。矛盾的是，他们也可能忧心忡忡，认为如果父母连哄他们入睡都做不好，万一家里来了小偷，他们怎么能保护自己呢？"

圈层中的位置

除了父母的教养方式、积极或消极的规训和观念，积极管教的另一个主要理论元素是"圈层从属"的概念。家庭是第一个圈层。卡罗琳·普利姆林解释道："当一个同时具有优点和缺点的个体能定位自己在家庭中扮演的角色、拥有归属感，那么他同样能在职场和社会中找到归属感。在电影《放牛班的春天》中，并不是所有的孩子都会唱歌，有一个孩子的年龄比其他孩子小很多，但老师通过让他举谱子，让他仍能在合唱团中承担一种身份，从而使他融入团队。这启发了我们，使用正确的措辞让孩子明白他为家庭的和谐发展所起的作用是非常关键的。"

因此，正如亲子之间发展依恋关系的重要性一样，父母与孩子对话的措辞也是至关重要的。一个人的想法是与其内心情感相连接的，因此父母不能仅仅依靠说理去和孩子交谈。怀有同理心是开展任何亲子对话的关键。

尊重和同情

同理心是任何关系的试金石，也是教育的核心。有同理心的父母知道如何反思自己的情绪，他们会思考为什么自己对女儿的行为会产生这样那样的反应。在这样的思考逻辑中，同理心能让父母将其对自己的态度转移到他们对待孩子的态度上，父母能够感受和理解孩子的情绪，以便更好地陪伴他们。

卡罗琳·普利姆林解释道："比如，当孩子放学回家后，我们可以对他说：'我知道你累了（认可他的情绪），你想在吃零食前还是吃完零食后做作业（提供选择）？'由于我们设身处地为他着想，我们将更容易和他沟通，彼此也能更理解对方的感受。亲情基于80%的依恋关系建设和20%的人生道路指导。如果亲子之间有良好的依恋关系，那么家庭内部出现困难的时候，问题比较容易得到解决。"

千万不能羞辱孩子。只有父母尊重孩子，孩子才能学会尊重自己。出于对成年人的恐惧和对过于专制的态度的害怕，个性未能得到尊重的孩子将变得为取悦对方而活，甚至觉得自己的存在毫不重要。卡罗琳·普利姆林进一步解释道："当个体在工作重压下感到身心疲劳、精疲力竭或是在职场环境中感到不自在时，这时应当清醒地反思，比如'不，同事不应该用这种语气和我说话'或者'不，上司不应该在晚上七点发给我今天要完成的工作任务'。但如果我们小时候没有被尊重，如果我们的选择和能力没有得到重视，那么我们如何培养自尊呢？"

如果孩子做出不恰当的举动，犯了错误，这时怎么办呢？正面管教指出，我们可以坚决地表达对他所犯错误不赞同，但不批评他这个人本身，这样一来，孩子将明白他的行为是不被接受的，但父母并不会为此羞辱他的人格。当他成长为成年人，当对方犯错时，他便懂得表达自己的不满，而不是支吾不言或者选择使用攻击性或侮辱性的谩骂。

关于正面管教的建议

民主的方式在刚硬和柔和之间取得了真正的平衡。它允许孩子自主做出选择，使他们能够在父母规定的范围内获取一些控制感。这种风格兼顾了自由与规范，平衡了孩子的权利和责任，鼓励他自己做决定。举例："我有一个重要的电话要打。你要么静静地待在客厅里，要么到外面待几分钟。这是你的选择。"再比如，"我知道你周五想去克洛伊家过夜，然后周六去看电影。我觉得连续玩两个晚上有点儿过头了，但你可以选择在周五或周六出去玩。"

这样你的孩子就会明白自己可以参与决策，而且他的选择很重要，将不可避免地带有他要担负的责任。这并不意味着父母的每个决定都要考虑孩子的意见，只是说明在适当的情况下让孩子参与决策过程有助于他们培养自尊。

如果你的孩子说："我已经做完作业了，但我不知道怎么补充口语展示的部分。"那么你与其对他说："如果是我的话，我会这么做……"不如问他："你觉得你还能做些什么努力呢？"因为他同样有思考的能力，向他提出问题总比"切断他的部分羽翼"、在他并未求助时发出命令或建议更合适。当孩子成长到可以自主做决定的年龄后，替他面面俱到地做决定就是剥夺他发现自己能力、建立自信心的机会。所以请不要替他做自己会做的三明治，或是帮他收拾行李箱。[1]

再谈观念

让我们回到"观念"这一主题。每个孩子自孩童时期起形成的观念会决定他对世界的看法和解读。他对自身价值和技能的认识会决定他的行为，最终影响他的社会行为。观念更会产生无形的思想和情绪，而这些思想和情绪本身会导致某些行为以及非常明显的后果。

如果你对一个小女孩说："加油！做得好！你一定能行，我相信你！"她就会将这些鼓励性话语融入自己必能

---

[1]　Pflimlin C.

成功的观念中。与此相反，如果你对她说："女孩子不擅长做这个，不过……好吧，你可以试试……我们看看结果如何……"或者"让你哥哥开瓶子，他比你力气大……"，听到这些话后，孩子就会理解为女性的身份并非优势。正面或负面的观念（后者就是限制性观念）都有非理性的一面。在我主持的一次工作坊上，一位矮个子女学员告诉我，她的父亲对她说："矮个子女孩都很聪明"。让我们猜猜谁是这次工作坊中的佼佼者……

观念是理解特定行为并对其做出反应的重要因素，除此之外就是脾性、遗传、家庭地位、环境以及分配给男孩和女孩的角色。肩负着为人父母的责任，我们应注意不要让自己先入为主的想法支配女儿的行为，也不要无原则地为她的行为开脱。意识到我们和她说话时应采取何种方式就是重要的第一步。

卡罗琳·普利姆林同我们分享了她的工作坊参与者的一些体验。

"在回家的路上，父亲总是会问：'男孩子们，你们谁把作业写完了？'你们觉得家里唯一的女儿总是听到这句话会作何反应？今天我们向她提问时，她才意识到，父亲的话导致她从小就以为学业是男孩子该关注的领域。长大后，她就不积极求学了……"

"看完电影出来，一个小女孩对家长说：'那个男孩从树上掉下来的时候，我哭了。'家长说：'我也是！太令人伤心了。'看完同样的电影，一个与小女孩同龄的小男孩揉着流泪的眼睛，他的父母却笑着说：'怎么哭了？你可是个大男孩，这只是一部电影！'从这段经历出发，小女孩会接受这样的观念：对女孩来说，情感的自然流露是正常的，但若是男孩这样表露情感就不正常了。家长如果常在无意识中进行上述对话，长此以往，他们也将意识到这种对话模式产生的后果。所以，不妨像学习一门新的语言那样学习与女儿对话吧，这是重要的第一步。"

积极倾听

如何改变上述两个例子中的情况？在第一个例子中，父亲问孩子的作业时，他完全可以直接问所有孩子的完成情况。在第二个例子中，家长本不必评判儿女从电影院出来后的合理感受，只需做到"主动倾听"，即用语言表达孩子的感受，而不去评判。积极倾听比提出建议更有价值。一条建议并不能帮助孩子解决问题，但如果你积极倾听孩子的观点，你将为他提供一个自由思考的空间。

积极倾听是一种正向的教育方式，它表示你认可和尊重女儿的感受，鼓励她自己找到解决方案。积极倾听有助于增强她的自信心。

- 积极倾听的第一步是通过肢体语言，如弯腰俯身或坐在对方旁边，表示你在集中精力听她的发言。无论采用何种肢体语言，注意停下手头的工作，关切地注视她。
- 第二步是注意听她使用的词语，询问她的感受以及什么使她产生了这样的感受。
- 第三步，把自己理解的内容重复一遍，仿佛某种镜面效果。

积极倾听有两个好处。

- 第一个好处是，一位善于倾听的成人将使孩子感到安心。孩子会觉得自己被理解、被尊重，并懂得在生活中正确地表达自己的情绪感受。
- 第二个好处是，孩子将从你的示范中学会说"不"。

卡罗琳·普利姆林举的另一个例子是，当父母对孩子说："我知道你想在派对上多待一会儿，因为你玩得很开心，但回家的时间是没商量的，那么你想如何安排行程、按时回家呢？"孩子会学会这一既有纪律要求、又充满关爱的语言。他将学会表达自己的需求，同时明白自己的需求是有限制的，因为这就是他对你说的话的理解。父母在这一互动过程中设定限制，让孩子在有限的条件内决定。

如此一来，孩子便会在模仿中学习。这就是一种无声的教育。

女孩的体重

杰奎琳·肯尼迪曾对女儿说："你这么胖，永远找不到老公！"[①]从这句话打击人心的程度，足以看出多数母亲多么希望自己的女儿有苗条的身材。如果女儿身形肥胖，则会被母亲视为自己的失败，并为此苦恼不已。有许多母亲让女儿节食，禁止她们吃蛋糕和甜食，控制她们的饮食。童年时期这种饮食剥夺将在女孩的青春期产生灾难性的影响，严重时甚至会导致她们患上厌食症。母亲们千万不要把对肥胖的恐惧植入女儿的脑中，让她们误以为若要美丽就要瘦，更何况社会审美风气很快就要改变了。女儿没有义务成为母亲的镜子，也不是母亲成功或失败的衡量标准，更不能"拯救"母亲。

不仅如此，即使母亲对女儿的身材持有积极的看法，她可能也会发现女儿对自己的身材感到自卑，她们会发出"我太胖了""我的胸部好丑"诸如此类的抱怨。在此，母亲要关注她们的焦虑，倾听她们的心声，寻找理性而非感性的解释。总之，要保持中立态度。

---

① Lunel P., *Kennedy, secrets de femmes*, éditions du Rocher, 2010.

- 尝试更深入地了解女儿的苦恼。向她提问："你为什么觉得自己胖？为什么会产生这种想法呢？"
- 敞开心扉和女儿进行深入讨论。准确描述个人感受将避免人们过度简化问题。倾听女儿对自己身材的不满是好的，但要记得问她对自己的满意之处，比如她像詹妮弗·安妮斯顿般的飘逸秀发，她像卡拉·迪瓦伊般的俊朗眉毛或她像专业篮球运动员般足以驰骋球场的身材……
- 明确指出这样一个容易被忽视的事实：身体赋予了我们做许多事情的可能性。
- 夸奖她除体形之外的其他方面：她对艺术的敏感、她的聪明才智、她的社交天赋……总之，体重并不能衡量她的价值。

面对一个抱怨自己肥胖的体重超标的 8 岁女孩，你要清楚地向她解释："你不胖。你的身高尚未定型，所以你的身体不过是在囤积营养，这是很正常的现象。你现在很漂亮。"注意不要让她吃太多蛋糕或喝太多汽水，但不要对她的无忌童言大惊小怪，有时不妨一笑而过。

其他工具

模仿的美德

卡罗琳·普利姆林肯定地说道："孩子们是通过模仿习得行为的。因此，拥有自信的父母将有助于他们同样充满自信。孩子们喜欢看父母做一些能展示自信风采的事情，比如跳舞、投身新项目等。当他们听到父母在电话里进行商业谈判时的坚定语气，他们在遇到类似情况时也会有同样自信的态度。父母要么是正面榜样，要么是反面案例。他们越有信心，就越能付出关怀。照顾自己并不是自私的行为。我们每个人身上都有成功的潜能，要学会发展自身的长处，不把对自身的关注视为自私的行为。这会发挥连通作用，使孩子也学会如此发展自我。我们有权照顾好自己，让自己变得更优秀；我们也有权接受失败，并将其视作学习的机会。正如曼德拉所说："我从未失败过。要么我成功了，要么我从中学到了经验。"

鼓励

鼓励是一种很好的交流方式。父母可以通过激励性的话语培养孩子的信心，后者将借此更清楚地认识自身的优点，也能更坦然地承认自己在某些方面的局限性，而且不至于陷入对自我价值的怀疑。自尊心强的孩子知道自己是被无条件地爱着的，如果父母向他提供一个学习新知识的好机会，他就会相信自己可以胜任，而不会害怕尝试新事物。在此，我对父母的建议是：用积极赋能的话语点评孩子吧！这类赋能话语能够令孩子感到自己是有能力的，能够培养孩子的自信心，使他们对人生有明晰的确定感。为了不削减想传达的信息的分量，父母的话语应当简洁、具体、慷慨且真实，比如："我知道你能做到。来，向我展示一下。我们可以坐下来一起想想解决方法吗？我相信你也有一些好主意。"与之形成鲜明对照的则是打消积极性的斥责："又来了！你的脑袋有什么问题吗？为什么做不到？""我无法忍受你的行为了！你从今天开始不能再出门玩了！"

此外，为了引导孩子树立积极的自我形象，鼓励的做法一定要持之以恒。父母应当经常告诉他"我们信任你"，这样他就会对自己有信心。鼓励孩子就是让他知道，你欣赏他的本我；让他知道你爱他，并且相信他的能力。你可以说"太棒了，你自己爬上了树；"指出他的进步，"听听你唱得多准"；评价他的优点，"你真有交朋友的天赋"。但父母也要分清奉承和鼓励的区别。鼓励好比比赛过程中父母对孩子的持续关注，即使他初始水平不如其他人；奉承则是孩子到达终点后才为之欢呼。

奉承是以行动为基础、以结果为导向的。因此，孩子往往只有在做出一番成绩后，才能得到父母对他能力的夸赞。然而，这样的夸赞其实是一种审判，孩子不仅会误以为自己总要依赖他人的意见，还会误以为只有取悦他人才能被人接受。虽然这类夸赞并没有什么不妥，但不可否认的是，它进一步加深了孩子对"能取悦他人才有价值"的信念。而鼓励这一行为应当是以人为本的，它是孩子成长路上的礼物，孩子不应只在取得成绩时才能得到鼓励。鼓励关注的是孩子的行为、是他的个人品质，这些都和成绩或结果无关。只有这样，孩子才能感受到无条件的爱，而不会被别人的评价束缚。父母应当慷慨地表扬子女，如："虽然老师的辅导功不可没，但我知道你付出了很大的努力才得到今天的进步，你应该为自己骄傲。"

剪断绳子

信任也是如此，父母对子女的管教应当刚柔并济，该放手时就放手。有的家长不这样做，是因为他们想满足自己内心的需求。不管是我们的儿子还是女儿，信任他们不是一句空话。不过，鉴于女孩长期以来总是受到各种陈词滥调的打击，父母更应当多多信任她们。

人们要意识到，有些话语会制约女孩们的发展潜力，将她们锁定在传统角色中，意识到这一点就是一项浩大的工程了。在毫无意识的情况下，大男子主义的话术有时会脱口而出。所以，我们要加倍注意对女性说话的方式，因为糟糕的话语在我们的生活和教育中根深蒂固，我们甚至已经到了对此视若无睹的地步！父母们应当意识到自己不仅在抚养儿童，更是在培养未来社会的成年公民，因而不分性别地传递公正、公平和尊重彼此的信息是很重要的。孩子们很快就到了飞出巢穴的那一天，那时，你希望他们带着什么样的才华和技能离开家庭？你希望他们记住什么？是整洁的房间还是家里温馨的气氛？是过于专制或放任的父母，还是鼓励、尊重、倾听他们的父母？

最后，卡罗琳·普利姆林总结道："我们从未听过献给一个英年早逝的女人的葬礼致辞是赞美她的事业如何堪称典范或是关于她一生中赚了多少钱的内容，这些到最后其实并不重要。最后使他人铭记的，是她对生活的热情，是人们与她交流的乐趣，是她和人们共度的欢乐时光，是她对身边人的激励和鼓舞。"

"培养女儿的自信是为人父母的哲学和理念。自信更是女儿一生的通行证！"卡罗琳·普利姆林这样总结道。

教女孩们认识她们的价值

通常在女孩们很小的时候，大概5岁之前，她们就会接受自己未来将遇人不淑的想法。在人们的教唆下，她们闭上眼睛，沉迷于很多胡思乱想，钻研自己是否足够漂亮。这种幼年教育要求女性乖巧顺从，这导致她们偏信自己的直觉。她们被教得心思单纯，过于天真，容易被图谋不轨的男性蛊惑。

应当教育女儿培养的 5 项重要能力

（1）自爱

（2）自尊

（3）不受刻板印象限制

（4）敢于行动

（5）懂得坚持自我

我应该做女儿怎样的家长

（1）让她知道你永远爱她

（2）学习倾听她的心声

（3）富有同情心

（4）无条件地信任她

（5）对她的行为给予支持和鼓励

（6）接受她的失败，并帮助她接受自己的失败

（7）接受她的本我

（8）不要贬低她的价值

（9）肩负外交家、教育家和教练三重角色

（10）做一位她可以看齐的自信榜样

第十章

榜样的力量

你只有自己可依靠。
你是自由的，除了你自己，
没有任何人有义务向你施以援手。

托妮·莫里森

　　在本书的最后一章，我们选择将聚光灯打在那些不畏惧人生道路上的怀疑或错误的女性身上。她们怡然自得，惊人的坦率，在职场和生活中游刃有余。在健身房的更衣室里，或许我们会与她们擦肩而过——她们总是悠然从容，毫无高人一等的傲慢心态。在公司会议上，她们发言时铿锵有力；在晚宴上，她们懂得捍卫自己的观点，不会随波逐流。她们是勇于实现自我的、令人倍受鼓舞的人生榜样。在这个逐步开始重新审视性别问题的世界，她们为其他女性开辟出一条康庄大道。

　　她们是否也曾努力解决自己的内心冲突和自我设限的观念？答案显然是肯定的。但在人生的诸多时刻，她们更懂得鼓起勇气，对独特的阐释抱开放心态，不让自己被错误观念描绘的虚假的舒适区所束缚。她们也曾经历各种人生的转折性时刻：一次指点迷津、一场令她豁然开朗的讨论、一本书、一次人生冲击、一场危机……在纷繁的情况下，她们能够与自身的复杂和矛盾共处，踏上一条引领她们去往梦想的目的地的道路。

这样的女性主要分为以下两类。

- 她们拥有与生俱来的自信，懂得接受并欣赏自己。她们对自己有清晰的认知，既能接受自己的脆弱，也擅长从错误中成长进步。她们认为自己的不完美之处值得被庆祝，而不应被遮掩、压抑在意识深处。她们爱真实的本我，找到了人生方向，不因愧疚为难自己。善良和好奇心使她们在情感生活和社交关系中游刃有余，更使她们能够对外界保持开放的态度。她们懂得说"不"，知道在什么时候该与什么人划清界限，敢于审视自己的内心……这些都是她们的优点。她们在和自己的相处中内心平和，若是外界的改变搅乱了生活的平衡感，她们也懂得尽快调整适应。

- 她们是无所忌惮的"大姐大"。她们所向披靡、顽强而毫无自卑情结，她们毫不忌讳展示自己的成功，且从不惧怕引起他人的不悦。她们以自己独特的方式展现女性魅力，她们对女性的"经典"形象不屑一顾。她们不会不惜一切代价取悦他人，而会以一种大胆的方式表现自己的与众不同。她们的魅力令人难以抗拒，她们的洒脱如此的鼓舞人心、具有感染力，人们很难不欣赏她们。对她们来说，挫折与挑战是赖以为生的养分，更是肯定其雄心壮志的必然考验。她们能言善辩，在扫除可能阻碍她们的偏见和障碍的过程中不断向前迈进。她们怡然自得，直言不讳，不介意自己的言论会造成何等冲击。她们的口头禅是："我就是我，我不必为此抱歉。"

女性杂志和社交网络上有许多激励人心的女性榜样。我们不必带着羡慕的心情对她们顶礼膜拜，但可以模仿、学习她们的成功案例。通过镜映效应，她们的能量将为我们注入活力，她们的思考会照亮我们的想法，她们的勇气会激励我们付诸行动，她们的胜利将得到我们的庆祝，未来的女性同样会为我们的成功而欢呼。

我们在本书中反复提过，冒充者综合征和缺乏自信的问题并非不可逆转。找出我们的缺点和使我们恐惧的事物，便已经向解决这些问题迈进了一步。虽然仍有很多工作要做，但时代正在书写一种崭新的女性范式，越来越多的优秀女性进入我们的视野，事实上，自古以来这类女性不胜枚举：居里夫人、阿梅莉亚·埃尔哈特[①]、罗莎·帕克

---

① 著名的美国飞行员和女权运动者。——编者注。

斯①、西蒙娜·德·波伏娃、贝亚特·克拉斯菲尔德②或马拉拉·优素福·扎伊。但是，自信和为世界做贡献的渴望并不是诺贝尔奖得主或知名女性人物的特权，我们身边的很多女性正为我们指引着方向。变革的列车在行驶，快上车吧！

自信的女性是如何行动的

绝不低头

芬妮·格兰杰拥有非常精彩的职场履历：作为公司总裁，她创建了时尚品牌 Moodkit；身为商业顾问，她创造了"树立人生阿凡达"这一独特的方法论；同时她还是一位诗人。她总是以一个乐观主义者的姿态出现在大众眼前，她将爱和行动主义作为贯彻一生的主题词。

我对激发自己的行动和潜能有着执着的追求。对我来说，自信是至关重要的。我讨厌压抑自我的感觉，甚至不惜付出数倍的努力去与之对抗。为了对抗自己做事容易半途而废的倾向，我会强迫自己在最开始时就将计划清楚地告知身边的人。开始一个新项目时，我从不会默不作声地捣鼓，而是拿起电话，邀请所有朋友一起吃顿饭，然后大

---

① 美国民权行动主义者，被称为"现代民权运动之母"。——编者注。
② 德国人，参与德国反省历史事件。——编者注

张旗鼓地宣布："这是我的新项目！"在很年轻的时候，初入职场的我充满活力，渴望表现自己。结果我发现自己身处的商业世界等级森严，有很强的父权制遗留。公司总裁掌有所有话语权，而职场新人受打击则是家常便饭。我性格里有强烈的奋斗渴望。每当夜幕降临的时候，我常常觉得精疲力竭，但第二天早上，养精蓄锐后我马上又会意气风发，跃跃欲试地重新投入竞技场。当时我可能意识到了，自己一生都将与这些想挫败我的人打交道。我明白这条路将非常艰辛，即使人们偶尔会鼓励我，也不过是想利用我，但无论如何，我必须将这一切转化为力量。

对我来说，缺乏自信最糟糕的一点是它让人低头认命。缺乏自信的个体会接受卑躬屈膝的状态，接受凋零枯萎的生活，接受矮化自我的思维，接受微不足道的部分自我，然后委屈地缩进逼仄的小盒子里。发生在我身上的常是这种情况：我进入一个这样的小盒子，然后发现这个盒子对我来说太小了，于是我便双手搭在上面纵身跃出。当我面对问题时，我难以视而不见地绕开，我性格里好斗的一面令我总想直面这个问题。尽管如此，我也追求和平、和谐、轻盈、美丽、简单的状态，为此我愿意避开争斗。

我不能接受他人对我的人生设限。人生中，我有过无数次接近舒适区，甚至在舒适区就此过上安逸生活的时刻。舒适区总是让人心安，但一个人过度舒适和受保护，恰恰是最糟糕的事。对我来说，自信意味着拥有冒险的勇气，意味着敢于离开舒适区，为此，我必须感受某种眩晕感。长久习惯于舒适和被保护是很危险的——一个人不应永远当温室里的花朵。我们不需要被保护，我们需要的是被委以重任，被激发灵感，被从束缚中解放，由此更了解真实的自我。保护可能变成监狱，而自信就是要敢于冒险，探索远方未经历的奇景，否则一个人怎么能感受到自信呢？

人们应当克服失败感，认识到失败是正常的、相对的、暂时的。要做到这一点，我们必须在生活的历练下慢慢建立自信。就我而言，我发现了解自己非常重要，它使我有能力识别自己体验到的负面情绪：失败感、情绪化、挫折感、自卑感、不适感……我的另一项重要任务则是了解自己的优势、价值观，并明晰我在地球上的使命。当我对自己的潜能的理解越来越清晰时，我便可以通过自身的优势和价值观完成使命。人们的使命各不相同，对有的人来说，使命是正义，对有的人来说，使命是真理，对有的人来说，使命则是自由……我时常反思自我——这种反思方式并非严格意义上的心理治疗法。总之，我会向自己提出许多问题。现在，我已经明确了自己的优势，也知道了我要赋予生命的意义：创造美。这是我有用武之地的领域，也是我的人生追求——至少是当下的追求。如此一来，依靠对自己优势和弱点的了解，我便可以纵身一跃，超越自我，相信自我。

　　青春期的我热爱社交，是个不折不扣的"帮派领导者"，有着天生的领导力。但初三时，一切都变了。叛逆的人被视为"最酷的孩子"，而我是绝对反对这些行为的。我突然变成了不受欢迎的学生，失去了过去的地位，也丧失了所有自信——我陷入了困局。

人生阿凡达

　　树立"人生阿凡达"的意义在于为自己创造一个"另外的我"。这个另外的我象征性地代表着我的优势、我的价值观、我在地球上的使命。而它撇开了我的缺点、我的过往、我与家人的关系、我的朋友、我的恐惧症等。这样一个"人生阿凡达"浓缩了种种优秀品质，没有任何瑕疵。当陷入困境或心思枯竭时，我便会设想一个"人生阿凡达"。它就像某种捷径，帮助我的大脑更快地处理信息；它无须分析情况，在我的指挥下便可以解决问题。其实，它并不是虚假的自我，而是最好版本的自我。我将它理解为行动的发力点：行动时，我有这块坚实之地可以依靠。它使我能够推动自己朝着正确的方向发展。

模范榜样

　　我现在一直在寻找女性榜样。过去很长一段时间里，我寻找的都是男性榜样。我的大学毕业论文写的是以社会行动为关注焦点的"介入境遇的文学"，当时我所有的讨论都围绕男性展开。我书架上全部是男性作家的书或关于男性的书，意识到这一问题后，我便留意寻找女性榜样。

第一个激发我创业念头的女性是美体小铺的创始人安妮塔·罗迪克，[①] 她的传记为我注入了许多积极的能量。此外，克里斯蒂安娜·辛格和路易丝·德·维尔莫兰也令我深受启发。路易丝·德·维尔莫兰几乎让我着迷。在女性尚未拥有实质表达权的年代，她开创了文学沙龙，而且她是一位聪明活泼，观点辛辣有趣，深受读者爱慕的女诗人。她与安东尼·德·圣埃克苏佩里订婚后又离开了他，最后与安德烈·马尔罗成为眷侣。

我有许多女性友人，我喜欢组织女性好友之间的晚宴，为尚不认识彼此的女性组织见面机会，我对此十分自豪。我的女性朋友们都互相认识，互相爱护，互相激励，这使每个人充满自信。通过这些聚餐，我们建立了联系，更建立了自信。我们渴望相见，一同高歌，开阔彼此的视野，从对方身上汲取灵感。最重要的是彼此之间互相体恤的情谊，我为此感动不已。

人们经常对我说："这可不行，你过于自信了，一定要

---

① 安妮塔·罗迪克（Anita Roddick）说："如果一个女人可以决定是让6岁的大儿子还是4岁的小儿子吃最后一块巧克力，那么她就可以开展世界上任何商业谈判。"

一切从简！"但不是这个道理！我确实并非胆怯之人，他们的规劝更和自信毫无关系。这是走出舒适区、离开保护层、戳破虚幻的泡沫时随之而来的体验。

对女性隐形化保持警惕

作家和专栏写手凡妮莎·巴德姆曾在卫报解释过"女性隐形化"这一概念："如果绅士化描述的是人们在改善社会的进程中看齐的品位标杆是资产阶级的趣味，那么女性隐形化指的则是将男女平等的原则转化为历史中对女性的剥削，在她们所在之处标识上男性的阳具。"[①]

女性隐形化指的便是历史中女性被隐形的遭遇。个人的科学发明被"隐形"的海蒂·拉玛便是一个典型例子。这位 20 世纪 30 年代的好莱坞女星因其私生活而声名鹊起，也正是她发明了后来广泛应用于 GPS 和 Wi－Fi 的跳频技术。日内瓦大学的社会学家伊莎贝尔·科列强调道："当时美军不仅获取她的专利，还在第二次世界大战结束后继续坐享其成。在那时，人们对她的评价不过是'世界上最美的女人'。"后来人们的观念发生了改变。2009 年，一位英国记者发起了"阿达·洛芙莱斯日"，以此向阿达·洛芙莱斯这位杰出的数学家、计算机程序创始人致敬。2019 年 6

---

① Badham V., *The Guardian*, 28 mai 2019.

月 12 日，美国航空航天局（NASA）为其总部所在的街道改名，以纪念 20 世纪 60 年代的 3 位非裔女性数学家，事实证明，她们的研究成果在美国征服太空的过程中无比重要。这段故事后来被拍摄为电影《隐藏人物》。①

展示自信会有风险吗

对女性来说，展示自信是一把双刃剑。社会鼓励女性这样做，若要获得机会、实现成功人生，展示自信是不可或缺的必要条件。女性深谙其道，但同时她们也知道，如果过于频繁地展示自信，或是讲述个人成功的声音过于喧哗，她们就会因此受到惩罚。她们可以拥有自信带来的所有好处，同时被规训着要充满同情心、要敏感，否则她们就有可能受其拖累、遭到非议。这一切都将在她们职场的上升进程中设下障碍。我们不难发现，性别规范依然有着顽强的生命力，它使女性对成功总是怀有矛盾心理。她们不禁想，展示自信不一定是得到欣赏的最好方式，在最糟糕的情况下，展示自信还会让你看起来像个无情的自私鬼，就像《穿普拉达的女王》中梅丽尔·斯特里普扮演的女魔头上司。

---

① Delepaul M.-J., " Mentrification ", France Inter, 19 juin 2019.

当教育带来变化

费德莉克·卡拉威尔是理财教练集团的创始人和总裁，也是"法兰西在行动"基金会的董事。她持有欧洲工商管理学院的工商管理硕士学位，曾是法国企业家协会的会长，还是社交网络"女性先行者"的创始人和总裁……简而言之，她有着火箭般所向披靡的职场经历。

费德莉克没有姐姐或妹妹，她有两个兄弟和六个堂兄弟。她的父亲是一位负责家庭烹饪的工程师，母亲是一位护士。笃信男女平等的双亲以同样的方式培养费德莉克和她的兄弟们。有时她在体能上并不如他们，但父母并不因此而差别对待。

成长经历可能让我初尝了竞争的滋味，特别是当我进入商界时，人们对不同性别的区别对待对我来说是很不正常的现象。毋庸置疑，接受的教育和培养方式使每个人都对一些事情习以为常，但对我而言并非如此。后来我逐渐意识到职场上的某些现实：我40岁的时候（当时我刚成为母亲），我发现自己的工资增长幅度比男性要滞后；而人们口中公司中"有权力的职位"，也就是所谓玻璃天花板上的职位，仿佛已经自发地预留给了男性。这一切更多的是公司内部的自行遴选，而非基于员工真正的技能进行评估。一位上司会推选自己的弟弟或视作亲信的男性员工，很少会考虑女性员工。种种不公的待遇都让我心里很不是滋味。在 40 岁左右的时候，我发现身边许多 35 岁的男性已经被认定为重要职位的理想人选，却没有人向我伸来橄榄枝。当时我和公司的 CEO 进行了一次交谈，我说："你对公司 95% 是女性的性别比很是自豪，而且你也对他人称赞公司的业绩好，发展强劲等，但是你的执行委员会里没有任何女性。曾有两个女副总，但她们在 40 岁时离职了。"他回答道："是的，其中一个女副总和她的上司发生了性关系，另一个女副总人品太差。"我意识到自己无法和他进行讨论，于是我也在 40 岁时从公司离职。

先行者

我在 40 岁的时候开始自己创业。我发现创业更有利于实现我的职业抱负，也能兼顾家庭生活。我在家里成立了自己的公司"理财教练"。当我去参加企业家博览会的时候，我很快发现人们对女性企业家的看法和对男性企业家的看法是不一样的。当下我便对自己说，我真的要为女性做一些事情。我创立了一个名为"女性先行者"的项目，随后创办了一个帮助女性在创新领域创业的孵化器。我希望人们将女性和野心、创新联系在一起，尽管当时的现实情况并非如此。后来，这一项目得到了大众的关注，我想当时我们走在了其他国家的前面。参与这一项目的女性中有许多女权主义者，当时我们对她们的帮助主要在职场方向调整方面。后来我被许多活动主办方邀请，在会议中谈论女性和创新。很快，当时法国中小企业部部长埃尔韦·诺维利与我进行了会晤，她对我说："女性先行者这一项目非常好，我们要在全国层面推广开来。"于是，她资助成立了一个全国性的联盟，使这个项目得以在全法落地发展。然后我们设法找到了国际赞助商和当地拥有同样的使命感的人们，这些努力也使我们得以将此项目发展推广到摩洛哥、比利时、荷兰和卢森堡。

随后这个项目也为我带来许多惊喜。2016 年，我不再参与"女性先行者"项目的运营工作（但项目仍在持续发展中），决定创立公司"理财教练"。理财教练运营三项支柱业务：第一，为自由职业者提供协同办公场所，因为我一直坚信工作场所是有灵魂的，它应当成为一个分享空间；第二，为初创企业提供辅导，帮助其部署商业战略、做融资计划（经常是女性企业家来找我咨询，但我也为男性企业家提供企业辅导）；第三，为企业提供团建辅导，特别是为大公司注入初创企业的热情。

拒绝双重标准

我确实是一个很自信的人。接任法国企业创建局主席职位时，我便注意到了性别歧视的行为方式。有一次，我受邀参加一个圆桌会议，其他嘉宾都是男性。身兼记者的主持人介绍男性嘉宾时便历数他们的毕业学校："今天我们邀请到了巴黎综合理工学院毕业的某某某，国家行政学院毕业的某某某……"但介绍我时他便一句带过："以及企业创建局的主席费德莉克·卡拉威尔。"我当场接话道："谢谢，但您忘了介绍我的学术、职场履历：我毕业于……曾任职于……"这也许听起来很狂妄，但我对此毫不在乎，我在乎的是人们不应因为不同性别而被区别对待，会议主办方邀请我参加这个活动有他们的理由。后来收到法国企业创建局主席一职的橄榄枝时，我没有丝毫犹豫就答应了。虽然对这个领域了解尚少，但我热爱接受挑战。在创立多个的创业孵化器时我常忍不住想"这是不可能实现的"，但后来这些梦想都成真了。接受企业创建局主席一职也是如此，这种挑战是难以拒绝的，我为此感到自豪。虽然有时收到活动邀请时我感到莫名其妙，"为什么要请我"，但我还是会积极参加。自35岁起，我就意识到必须改变现状，于是我决心把自己投入竞技场中，做一个敢于接受挑战的女性。

与男性合作

当我第一次换工作，从银行转到零售业时，猎头公司接待了我，安排我和一个名声相当不好的集团的财务主管见面。当时我30岁，已经结婚8年了，还没有孩子，猎头提前告知我："他肯定会问你孩子的事，一定要告诉他你不想要孩子！你自己肯定也不想搬起石头砸自己的脚。"次日，财务主管果然问了我这个问题，我回答道："我结婚8年了，如果有一天怀孕了，养育小孩就是我人生的首要任务！"我的做法常与别人的建议背道而驰，而他据此推断我是一个坦诚的人，绝不会犯大错，给他使绊子，于是他便录用了我。有时我们潜意识中的想法会不由自主地流露出来，这反倒是好事。要知道，并非所有男性都是可怕的大男子主义者。

前段时间，我参加法国职业女性社交网络创始人的晚宴。当时在场的有23位女性，她们为性别平等而战，但也积极将男性纳入其董事会中。特别是在男性常被指责排挤女性的当下，女性积极与男性合作反而是一项尤其重大的责任。当然存在只爱与男同胞抱团取暖的男性，同样也存在心胸宽广的男性，他们才是我们需要积极寻求合作的对象。我们反对心胸狭窄的男性，但赞美胸怀豁达的男性。

当男性也成为榜样

读完上文，你是否觉得信心倍增了呢？而在访谈优秀女性之余，我们同样清楚，帮助女性培养信心并不是专属于女性的工作，于是我们也访谈了那些在思考、在行动的男性，他们推动着将"自信"这一几乎被男性垄断的法语阴性词同样成为女性的人生关键词。

女性不知道如何表达自己的期望

某大型酒店集团欧洲／中东／非洲地区副总裁让·弗朗索瓦·桂劳是一位帮助女性建立自信的职场导师。

我的女权主义思想是在和两个侄女的交流中日臻成熟的，她们是名副其实的女权主义者。在某种程度上，是她们为我指点迷津，尤其使我认识到人们对男孩及女孩的刻板印象。此外，在我的职场生涯中，我在全都是男同事的团队、全都是女同事的团队和男女同事都有的团队中工作过，而最后一种人员组合方式的团队有着最高的工作效率。正是在与全都是女同事的团队工作时，我发现了部分女性有缺乏自信的现象。当时我在一家专门运营移动支付的公司工作，在我入职的前两个月，我的上司刚被提拔为北欧区的商务总监。她是一位富有洞察力、聪明敏锐，在管理方面能够独当一面的优秀女性。有一天，我发现她从销售代表到被提拔为商务总监一职后，工资没有上涨。于是我便向她仔细询问，以为档案记录出现了错误。但她回复道："这很正常。"她已经完全接受了他人对她的说教，以为升职已经是公司给她的福利，她不过是要以此证明自己的实力。我坦诚地告诉她，没有一个男人会在未能得到加薪的情况下接受升职，即使工资涨幅只有一点点。他会明确提出诉求，而人事部的负责人便会回应他的需求，给予他应得的加薪……

说实话，我觉得女孩子们太习惯学校教育的模式了。在求学过程中，只要有好成绩，她们就会得到奖励。但当她们进入职场后，规则就不同了。我发现，很多女人都在默默地等待奖励。当时我手下有一些工作能力一般的男性员工，他们很懂得分秒必争地要求加薪；而我手下能力卓越、业绩优秀的女性却毫无所求，只是消极等待。我向很多女性解释说，在某些时候你必须学会争取，否则你就又被性别刻板印象套牢了。别人会推测女性容易满足或是她有成功的丈夫的经济支持等。现在我指导女性的职场发展时，我总是告诉她们要敢于争取，如果只是在沉默中感到憋屈，觉得自己不被公平对待、业绩不被认可……这些都会让她们感到痛苦。女性必须用口头表达使对方明白你的期望。一定要勇敢地这么做。

在我的公司里有一个帮助年轻女性打破玻璃天花板的志愿者团体，我是其中的成员。我们团体内部的性别比例相对平衡，有 60% 的女性导师和 40% 的男性导师。担任经理时，我一直亲力亲为地辅导职场女性的发展，因此参与这个组织对我来说是理所当然的事情。当时我辅导过一位年轻女性，她想在公司内部换岗位，但工作申请一直没有通过。在分析其他岗位的信息时，她会关注自己不擅长的领域。换作是男性候选人，他们则会关注自己擅长的领域。招聘的岗位描述常常寻找着完美得不切实际的候选人，但能够将自己的简历描述得如此"不切实际"的人往往能入围，随后由招聘者决定是否录用。而后者肯定要对职位要求做出一些妥协。因此我的建议是坚持到底，告诉招聘者你很有兴趣学习目前缺乏的几项技能。毕竟找一份你百分百掌握的工作有什么意思呢？你尚未掌握的技能不仅不应该成为挫败你的障碍，反倒应该成为你进步的动力。我觉得30岁以下的年轻一代的想法与他们的父辈相比有所进步，他们从上一代人打下的工作基础中受益匪浅，男性的心态也发生了变化。

积极发言的重要性

我们还访谈了管理法国巴黎证券交易所市值前40大企业（CAC 40）之一的总裁路易斯，他说了这样一席话。

在男性与女性工作经验同等的情况下，我认为女性往往觉得男性比自己更适合同一岗位。在此更不用谈她们对自己实力的低估已经成为男女同工不同酬的原因之一了。当克里斯蒂娜·拉加德出任欧洲央行行长时，虽然她和前行长一样优秀，许多媒体却质疑她能否胜任这一职务。我还注意到，在担负同等责任的岗位上，女性比男性更不容易犯错。因为她们不允许自己犯错误，所以很少愿意冒风险。但承担风险、承担责任和通过失败学习对一个企业是至关重要的。

最近，我公司的女同事们就公共发言这一主题组织了非常有意思的探讨。她们进行小组讨论，在交流中反思在性别混合的团队中话语权是如何被分配的，并向公司递交提议。这一系列行动推进得很顺利。大家互相尊重，最终都采用了她们提议的规则，比如举手发言等。反过来，这最终让每个人都得到了益处。她们以和平协商的方式，以普遍利益为出发点，在发言权方面持续努力，最终促成了男女平等的良好合作氛围。但需指出的是，如今，在小型组织、初创企业中，改写内部规则更容易，但在大公司中仍然比较困难。

女性可以学到什么

（1）像男性一样，主动争取话语权。勇敢要求应得的肯定，表达自己的期望。

（2）不要把自己关在狭窄的小盒子里。

（3）为自己打造一个强大的"人生阿凡达"。

（4）不要让自己被轻蔑的眼神定义。

（5）即使你认为自己到达某个高度无非是运气使然或是随机事件，这并不妨碍你享受掌声。